普通高等教育土建学科专业『十二五』规划教材
全国住房和城乡建设职业教育教学指导委员会建筑与规划类专业指导委员会规划推荐教材

城镇规划概论

（城乡规划专业适用）

本教材编审委员会组织编写
桑轶菲 主 编
应佐萍 李 卫 副主编

中国建筑工业出版社

图书在版编目（CIP）数据

城镇规划概论／桑轶菲主编．—北京：中国建筑工业出版社，2017.7
全国住房和城乡建设职业教育教学指导委员会建筑与规划类专业指导委员会规划推荐教材
ISBN 978-7-112-21007-7

Ⅰ．①城…　Ⅱ．①桑…　Ⅲ．①城镇－城市规划－职业教育－教材　Ⅳ．①TU984

中国版本图书馆CIP数据核字（2017）第172622号

本教材由浙江建设职业技术学院老师编写，是普通高等教育土建学科专业“十二五”规划教材和全国住房和城乡建设职业教育教学指导委员会建筑与规划类专业指导委员会规划推荐教材中的一本。全书共分8章，包括总论、城市的形成与发展、城市规划学科的产生与发展、城镇总体规划、城镇详细规划、城镇道路交通与工程规划、村庄规划、非法定规划，全面地讲解了城镇规划的相关知识，图文并重，便于学习。

本教材可作为高职院校城乡规划相关专业的教材或参考书，也可供从事城乡规划的工程技术及管理人员参考。

为更好地支持本课程的教学，我们向使用本书的教师免费提供教学课件，有需要者请与出版社联系，邮箱：cabp_gzgh@163.com。

责任编辑：杨　虹　尤凯曦　朱首明
责任校对：王　烨　关　健

普通高等教育土建学科专业“十二五”规划教材
全国住房和城乡建设职业教育教学指导委员会建筑与规划类专业指导委员会规划推荐教材
城镇规划概论
（城乡规划专业适用）
本教材编审委员会组织编写
桑轶菲　主编
应佐萍　李　卫　副主编
*
中国建筑工业出版社出版、发行（北京海淀三里河路9号）
各地新华书店、建筑书店经销
北京嘉泰利德公司制版
北京富生印刷厂印刷
*
开本：787×1092毫米　1/16　印张：$9^1/_2$　字数：200千字
2017年9月第一版　2017年9月第一次印刷
定价：30.00元（赠课件）
ISBN 978-7-112-21007-7
（30647）

编审委员会名单

前　言

城镇规划概论，是对城镇规划学科的概述，包括研究的内容、目的、意义、方法、目前研究的方向以及学科的主要理论及最新技术等。本书在编写过程中本着高等职业教育“理论够用”的原则，采用专业理论和实践案例并重的方式，从城市的形成与发展、城市规划学科的产生与发展，以及城镇总体规划、城镇详细规划、道路交通与工程规划、村庄规划、非法定规划等方面加以阐述，并且介绍了规划各个阶段的一些成果和规范。希望本书能够让城乡规划专业的读者在系统学习本专业知识之前有一个总体的认识，也能够让其他相关专业的读者对城乡规划有一个大致的了解。

本书由浙江建设职业技术学院桑轶菲担任主编并负责修订和统稿，浙江建设职业技术学院应佐萍、郭戬，杭州科技职业技术学院李卫、黄筱珍，浙江大学城乡规划设计研究院舒渊参与了本书的编写工作。具体编写分工为：桑轶菲编写第1、5、6、7章，应佐萍编写第1、2章，李卫编写第4、8章，郭戬编写第3章，舒渊编写第5章，黄筱珍编写第4章。

本书在编写过程中，得到了作者所在学院的大力支持，在此表示衷心感谢！本书在编写中，参考了同类教材、专著及网站，引用了一些规划案例，对相关的作者和设计单位我们致以诚挚的谢意！

由于编者水平有限，书中难免有不妥和疏漏之处，敬请读者朋友给予批评指正，以待进一步修订完善。

编者

目　录

1 总论

1.1 城镇规划的概念

规划（Planning），无处不在。作为人类最普遍的行为之一，规划存在于社会生活的方方面面。理论上讲，人只要有意识、有行为决策，就存在规划行为。规划是一种有意识的系统分析与决策过程。基于对现状情况的分析理解，提出目标，并通过一系列决策以保证这一目标在未来得以实现。这种行为体现在城镇建设发展领域，就是城镇规划。

关于城镇，并没有一个精确的定义，通常指的是以非农业人口为主，具有一定规模工商业的居民点。县及县以上机关所在地，或常住人口在2000人以上，10万人以下，其中非农业人口占50%以上的居民点，一般称之为城镇。

"城镇规划"从字面上来解读，就是对城镇的规划，即分析与决策城镇的建设和发展。从这个意义上来讲，首先，城镇规划是对现状各种情况进行系统分析之后形成的；其次，城镇规划是有明确目标的，即一定时期内，城镇的社会、经济、环境等各方面所达到的状态；第三，城镇规划是基于现状分析之后，围绕着规划目标，所提出的一系列决策，这一系列决策具有内在逻辑性，规范着城镇的各项建设行为，最终实现既定的目标。

法规和规范对两个相近的概念——城乡规划和城市规划做了界定。《中华人民共和国城乡规划法》（后简称《城乡规划法》）第二条："城乡规划，包括城镇体系规划、城市规划、镇规划、乡规划和村庄规划。城市规划、镇规划分为总体规划和详细规划。详细规划分为控制性详细规划和修建性详细规划。"《城市规划基本术语标准》GB/T 50280—98："城市规划是对一定时期内城市的经济和社会发展、土地利用、空间布局以及各项建设的综合部署、具体安排和实施管理"。城镇规划的定义与之相仿。

城镇规划具有以下几个基本特点：

（1）综合性　城镇规划学科的重要特征在于它的综合性，规划最本质的核心是土地的利用以及空间的组织，而这些物质规划与城镇的社会、经济、环境、技术等要素密切相关。城镇规划必须综合考虑这些因素，进行统筹安排，使城镇整体各方面协调发展。

（2）动态性　城镇规划是一个"决策、实施、反馈、再决策……"的循环过程，只有通过这样不间断的连续过程才能使城镇的复杂系统高效健康地运行下去。因此，城镇规划具有动态性，它是一个根据系统内外新情况新变化而不断调整的过程。

（3）政策性　城镇规划通过对城镇建设行为的引导、约束、管理来实现，这些引导、约束、管理是通过立法、制定政策等行为得到执行的。城镇规划一方面充分反映了国家相关政策，是国家宏观政策实施的工具；另一方面城镇规划自身也是公共政策的组成部分，充分协调城镇的经济效益与社会公正。

（4）公众性　城镇规划涉及城镇的发展和社会公共资源的配置，寻求公共资源的公平配置，需要代表公众的利益，所以要推进阳光规划等公众参与规划的制度安排，使城镇规划充分反映市民的利益诉求。

(5) 实践性　城镇规划的价值在于实践，在于服务于社会、服务于现实。规划都必须从实际出发，具备可操作性，以解决实际问题为着眼点，保证城镇的健康有序发展。

1.2 城镇规划的基本价值观

城镇规划作为一项社会实践活动，所遵循的基本理念和价值观将影响到规划立法、规划编制、规划实施的全过程，它对于规划目标的确立、决策的制定、执行和调整，都具有十分重要的作用。

城镇规划学科发展的基本目标是城镇空间中的居民生命财产的安全保障，这构成了这个学科的价值观底线。城镇规划的终极目标是创造更优越的人居环境。实际上良好人居环境的评判标准一直处于演变之中，不同时期的规划基于不同的社会发展阶段和历史背景，所秉持的价值观也在不断地发展变化。当前，城镇规划的基本价值观可以概括为可持续发展的价值观、和谐发展的价值观。

1. 可持续发展的价值观

可持续发展这一概念的明确提出，最早可以追溯到1980年由世界自然保护联盟（IUCN）、联合国环境规划署（UNEP）、野生动物基金会（WWF）共同发表的《世界自然保护大纲》。1987年世界环境与发展委员会（WCED）发表了报告《我们共同的未来》，这份报告正式使用了可持续发展概念，并对之做出了比较系统地阐述，产生了广泛的影响。该报告中，可持续发展被定义为："能满足当代人的需要，又不对后代人满足其需要的能力构成危害的发展。它包括两个重要概念：一个是需要的概念，尤其是世界各国人们的基本需要，应将此放在特别优先的地位来考虑；另一个是限制的概念，技术状况和社会组织对环境满足眼前和将来需要的能力施加的限制。"综合来讲，可持续发展包括三方面的内容：经济的可持续发展、生态的可持续发展、社会的可持续发展。

城市是人类经济、社会、活动最为集中的地域，城市的可持续发展对于实现人类社会整体的可持续发展意义重大。"可持续发展的价值观"要求城市（城镇）规划着眼于长远，全面、综合地权衡局部利益和全局利益、眼前利益和长远利益、经济利益和社会利益等关系，实现社会的健康可持续发展。

2. 和谐发展的价值观

城市（城镇）是一个复杂的综合体，其中夹杂着各种各样的利益关系，规划与管理需要平衡这些关系，追求整体的和谐发展。这体现在以下几个方面：

第一，人与自然的环境和谐。城市从诞生开始，就是人类脱离野蛮的一个象征，作为人类文明的一个载体而存在。但与之相悖的是，一方面城市从产生伊始就意味着与自然相对立，工业革命之后这种倾向尤为加剧了。另一方面，人作为自然的一部分，与自然母体的疏远，必然给个体以及社会群体带来各方面的问题。"人与自然的环境和谐"是对现代工业文明战胜自然环境的做法的全面反思。当前城市规划与建设，必须是一种尊重自然的、尽可能减少资源和能源消费的、环境友好的人类行为。

第二，人与人的社会和谐。城市是人类群居的一个场所，不同年龄、不同社会背景、不同价值取向以及其他诸多差异的人，在一起生活工作学习娱乐，必然产生各种各样的利益纠葛和矛盾。城镇化水平越高的地区，犯罪率、自杀率、心理疾病发病率也都会高于城镇化水平较低的地区。追求"人与人的社会和谐"，就是要在城市规划与管理中，协调不同文化背景、不同社会集团的城市居民的利益和诉求，避免在城市范围内的社会空间的强烈分割和对抗，最终达到社会的和谐共处。

第三，历史与未来的发展和谐。城市的发展是延续的，今天的城市是在历史的基础上形成的，同时，今天所做的一切也将成为未来的历史。其间贯穿的是城市的文脉。追求"历史与未来的发展和谐"，就是要强调保持城市发展过程中的历史延续性，保护文化遗产和传统的生活方式；同时也要意识到今天我们所做的规划，不仅会影响到当前城市的发展，也将影响未来人们的日常生活与工作。追求"历史与未来的发展和谐"，就是要从城市发展的角度去认识当前的规划，使之成为承上启下的一环。

1.3 城镇规划的影响要素

城镇发展和空间规划，受到经济、社会、文化、生态、技术等诸多方面要素的共同影响，错综复杂。城镇发展空间是这些要素作用力的空间投影，受到这些要素的深刻影响；同时，城镇空间的规划与建设发展，又反过来影响经济、社会、文化、生态、技术等诸多方面要素，成为这些要素发展的良性助推或阻碍力量。

1. 生态与环境

城镇是人类聚居的空间，人的自然属性决定了人与自然、人与资源、资源与环境、城镇与自然生态之间的不可分割的联系。生态环境是影响城乡发展的一个重要因素，城镇作为人口高度集中、物质和能量高度密集的生态系统，有其自身的特点：

第一，城镇的生态系统是人类起主导作用的人工生态系统，人类活动极大支配着城市生态系统的演化发展。它是自然规律和人类影响共同作用的产物。

第二，城镇的生态系统内物质和能量的流通量大、运转快，并且高度开放。对外部的其他生态系统依赖性大，影响也大。

第三，城镇的生态系统自我稳定性差，系统脆弱，容易发生环境污染。并且由于其开放性，环境污染很容易溢出。

2. 经济与产业

城市（城镇）是人口和经济活动的高度密集区，自工业革命以来，第二产业和第三产业已经成为大多数城市存在和发展的最主要驱动力。同时，城市也是专业化分工网络的市场交易中心。同样的，城镇发展也离不开经济的增长，经济发展导致了产业结构的演变，又反过来影响城镇的发展。

与此同时，城镇发展也受到经济发展和产业转型的影响，产业经济的规模不断壮大、产业持续升级，成为推进城镇空间转换的主导力量。

3. 人口与社会

城镇人口的规模、结构、空间分布，对城镇规划的影响巨大。人口的这些要素决定了城镇未来的发展以及用地规模、设施的配置等。

城镇规划作为一种公共政策，其根本目的在于实现社会公共利益的最大化。社会要素对城镇规划最本质的影响，在于城镇发展中多方利益的互动和协调，保障社会公平，推动社会整体生活品质的提升。

4. 历史与文化

城镇的历史主要是指城镇的发展史及发展机制、城镇文化特征、城镇发展过程中的社会问题以及拥有的历史文化遗产。这些要素都会影响城镇规划。其中最直接的就是对城镇内历史文化遗产的保护与更新。除此之外，对城镇历史沿革的认识和分析，从中发现城镇形态形成和格局演变的内在逻辑性，这些都将影响当前的城镇规划。

同样，城镇文化塑造了城镇的品质，要避免出现“千城一面”的现象，关键的一点就是要以城镇文化之“神”来塑造城镇规划之“形”。这也需要理解城镇的发展历史和它禀赋的文化精神。

1.4 现行城乡规划体系

城乡规划是一个复杂的巨系统，其学科领域和政治、经济、社会、文化、建筑、交通、环境等多门学科存在交叉和重叠，学科边界很模糊。城镇规划是城乡规划的一部分，同样与多门学科交叉重叠。

城乡规划从不同的角度，构建庞大的体系，且相互关联。我国现行的城乡规划体系包括规划法规体系、规划编制体系、规划管理体系等。

1.4.1 城乡规划法规体系

城乡规划法规体系的主体框架包含三个层面的内容：

第一，法律法规层面。确立城乡规划的基本制度，定义城乡规划的行为，界定城乡规划行为的适用范围，明确城乡规划的目的和要求。这主要由《城乡规划法》和地方城乡规划管理规定予以界定。

第二，技术规范层面。从城乡规划科学研究以及城乡规划建设的实践经验中总结而来，形成行业的标准和要求。这主要是国家和省市地方有关部门颁布的各种技术标准和技术规范。

第三，规划成果层面。依据法定程序编制和审批的，具有法律地位和效力的城乡规划成果，包括城镇体系规划、城市规划、镇规划、乡规划和村庄规划。这些是特定空间范围中规划建设行为的具体目标和要求。

从纵向来看，我国的城乡规划法规体系包含五个层次：

第一层次，城乡规划的核心法律，即《中华人民共和国城乡规划法》，由全国人大常委会通过，于2008年开始施行。作为一部国家法律，其效力仅次于宪法。它主要是为了加强城乡规划管理，协调城乡空间布局，调节城乡规划与社会经济发展的各项关系。

第二层次，国务院颁布的行政法规，具体包括条例、规定、决定、办法等，内容比法律更具体更详细。例如《风景名胜区条例》就是由国务院颁布施行的。

第三层次，包括三种类型：国家城乡规划管理部门（住房和城乡建设部）单独或连同其他部门颁布的一系列与规划法相配套的法规，如《市政公用设施抗灾设防管理规定》是由住房和城乡建设部发布施行的；国家颁布的城乡规划领域的技术标准和技术规范，如《镇规划标准》是由住房和城乡建设部发布施行的；地方立法部门依法颁布的地方城乡规划法规，如《上海市地下空间规划建设条例》是由上海市人大常委会通过施行的。

第四层次，省、自治区、直辖市人民政府的城乡规划主管部门颁布的准则、条例和技术规范。如《上海市房屋立面改造工程规划管理规定》是由上海市规划和国土资源管理局发布施行的。

第五层次，包括两种类型：市、县人民政府颁布的规章、条例和标准；按照法定程序经审批通过的总体规划、详细规划、各专项规划等。

从横向来看，包括与城乡规划相关的其他领域的法律法规，大致可以分为四类：

第一，与土地权属、用途管理、土地特征等相关的法律，如《中华人民共和国土地管理法》、《中华人民共和国文物保护法》；

第二，与城市的重要设施相关的法律，如《城市道路管理条例》、《城市绿化条例》；

第三，与城乡规划实施过程中的环境及社会安全相关的法律，如《中华人民共和国消防法》、《建设项目环境保护管理条例》；

第四，与城乡规划行政管理相关的法律，如《中华人民共和国行政诉讼法》、《中华人民共和国行政复议法》。

1.4.2 城乡规划编制体系

根据《城乡规划法》的规定，我国现行的城乡规划编制体系包括城镇体系规划、城市规划、镇规划、乡规划、村庄规划。城市规划、镇规划分为总体规划和详细规划。详细规划又可分为控制性详细规划和修建性详细规划，具体关系参见图1–1。

除了以上所列的城乡规划种类，还有一些并非《城乡规划法》所列的法定规划系列，即非法定规划，如城市设计、分区规划、远景规划、战略规划、概念规划等。

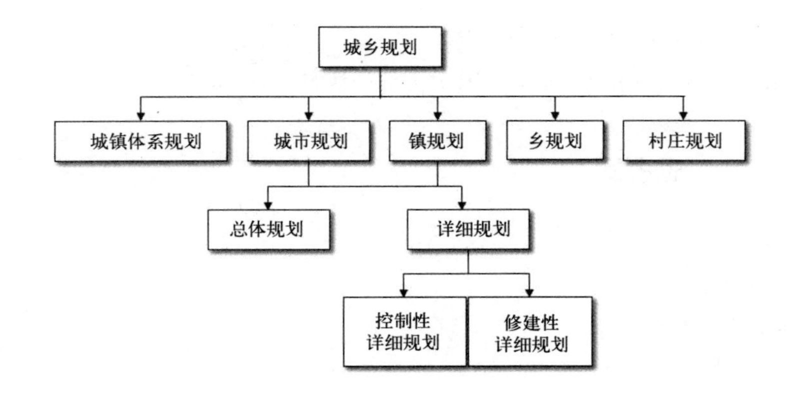

图 1–1　城乡规划编制体系

1.4.3　城乡规划管理体系

城乡规划管理是城乡规划的一个重要的组成部分，它包括规划的决策、执行、反馈。城乡规划管理是城乡规划编制、审批和实施等的管理工作的统称，具有综合性、整体性、政策性、地方性等特点，各环节的相互关系参见图 1–2。

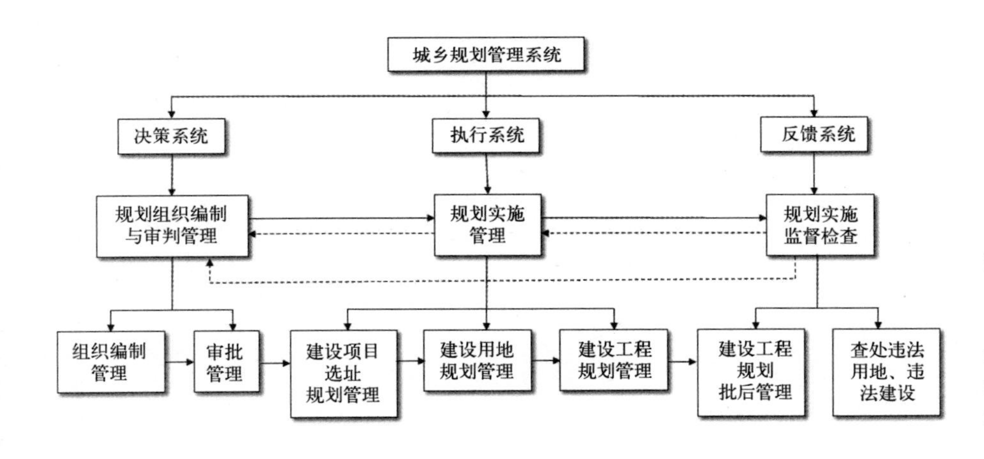

图 1–2　城乡规划管理体系

（资料来源：城市规划管理与法规，全国城市规划执业制度管理委员会，北京：中国计划出版社。）

本章小结

本章从城镇规划的基本概念入手，介绍了城镇规划的特点、基本价值观，介绍了影响城镇规划的几大要素，并阐述了我国现行的城乡规划体系。

本章的教学目的在于专业学习开始就能够认识到本专业的基本价值观，整体了解规划专业的特点。本章知识点的重点内容是城镇规划的概念以及城乡规划三大体系。

拓展学习推荐书目

[1] 吴志强，李德华 . 城市规划原理（第 4 版）[M]. 北京：中国建筑工业出版社，2010.

[2] 谭纵波 . 城市规划 [M]，北京 ：清华大学出版社，2005.
[3]（美）Dhiru A. Thadani. 城和市的语言 [M]，北京 ：电子工业出版社，2012.

思考题

1. 城镇规划应当秉持怎样的价值观?
2. 影响城乡规划的要素有哪些?
3. 用框图解释我国城乡规划法规体系。

2 城市的形成与发展

2.1 城市概况

2.1.1 城市的概念

城市是人类集聚的重要形态，是人类进化到一定阶段的必然产物，也是社会文明的象征。关于城市的概念，不同学科对此有不同的诠释，主要有以下几种：

1. 字源学

从中文字源意义上，城市是"城"和"市"两个概念的结合。古文献记载："城，廓也，都邑之地，筑此以资保障也"；"日中为市，致天下之民，聚天下之货，交易而退，各得其所"。简而言之，"城"为防御，"市"为交易。《辞源》的解释是："以非农业活动和非农业人口为主，具有一定规模的建筑、交通、绿化及公共设施用地的聚落。城市的规模大于乡村和集镇，人口数量大、密度高、职业和需求异质性强，是一定地域范围内的政治、经济、文化中心。"

因此，从资源上来看，"城市"包含了两层意思，即"城"和"市"，即防御和市场。图 2-1 是西安现存古城墙的照片，突出了古代长安城"城"的概念；图 2-2 是北宋画家张择端《清明上河图》中的一部分，突出了古代东京汴梁城"市"的概念。

图 2-1 城墙——突出"城"的概念

图 2-2 清明上河图局部——突出"市"的概念

从英文字源意义上，"urban"（城市、市政），意为城市的生活；"city"（城市、市镇），延伸如"citizenship"（公民）、"civic"（市政的）、"civilized"（文明的）、"civilization"（文明、文化），含义即是社会组织行为处于一种高级的状态，市民可以享受公民权利。由此看出，城市是作为安排和适应公众生活的一种形式。

2. 经济学

从经济学角度认为：城市是一个坐落在有限空间地区内的各种经济市场（包括住房市场、劳动力市场、土地市场、运输市场等）相互交织在一起的网状系统。一些学者认为：城市是具有相当面积的、经济活动和住户集中的，以至在私人企业和公共部门产生规模经济的连片地理区域。

3. 社会学

社会学家认为：按照社会学的传统，城市被定义为具有某些特征的、在地理上有界的社会组织形式。社会学从城市职能角度总结城市的内涵：居住密集，人口相对较多，人与人有一种基于超越家庭或家族之上的社会联系，有些作用是在并不真正认识的人中间发生的。人们从事非农业生产，有一定量的专业人员。城市同时具有市场功能，有异质性，有制定规章的权利，人们基于合理的法律法规生活。

4. 地理学

地理学家认为：地理学上的城市，是指地处交通方便的且覆盖有一定面积的人群和房屋的密集结合体。

5. 政治经济学

马克思主义的经典著作对城市的特征也作了精辟的论述。马克思说："城市本身表明了人口、生产、工具、资本、享乐和需求的集中；而在乡村所看到的却是完全相反的情况，孤立和分散"。列宁指出："城市是经济、政治和人民精神生活的中心，是前进的主要动力"。

以上不同学科从各自的角度概括了城市的本质和特征，但随着社会生产力的发展，城市的概念也在不断发展中，从某一角度或特征出发对城市进行定义都是片面和不完整的。

综上所述，城市应该是相对农村而言的，非农业人口聚集地，一般包括了住宅区、工业区和商业区，并且具备行政管辖功能的一定地域范围内的政治、经济、文化和教育的中心。

目前在城乡规划学科上采用的定义，是《城市规划基本术语标准》GB/T 50280—98 中的说法："城市是以非农业产业和非农业人口集聚为主要特征的居民点，包括按国家行政建制设立的市和镇。"

2.1.2 城市的基本特征

城市作为经济、政治、科学技术、文化教育的中心，具有以下基本特征：

1. 城市是人口、物质、文化多要素的集聚

城市不仅是人口聚居、建筑密集的区域，同时也是生产、消费和交换物

质的集中地。城市集聚效益是其不断发展的根本动力，也是城市与乡村的一个本质区别。城市各种资源的密集性，使其成为一定地域空间的经济、社会、文化辐射中心。在很多情况下，城市的范围是以非农业的土地利用来界定和衡量的。两者特征的差异见表 2–1。

城市和乡村特征比较 **表2–1**

聚居形式	城市	乡村
聚居密度	密集	稀疏
产业结构	第二、三产业为主	第一产业为主
劳动生产率和经济效益	高	低
社会经济功能	复杂、高效而动态发展	简单而稳定

2. 城市是多功能、高效率的社会有机综合体

城市的巨系统包括经济子系统、政治子系统、社会子系统、空间环境子系统以及要素流动子系统。城市各系统要素间的关系是相互交织重叠、共同发挥作用，使城市成为多功能、高效率的社会有机综合体。

3. 城市与区域相互依托，并具有区域的中心作用

城市与其周边的区域不断地进行着物质、能量、人员和信息的交换，使城市与区域强化联系，互通有无，互相依托，获得更多的发展机会，促进城市和区域共同发展及城市 – 区域系统的形成。

4. 城市是不断发展和多样变化的综合体

城市在古代拥有明确的空间限定（例如城墙），到了现代则成为一种功能性地域。当前经济全球一体化、全球劳动地域分工，城市传统的功能、社会、文化、景观等方面都发生了重大的变化。城市由多种多样的个体构成，他们之间的相互作用不仅导致了社会关系的复杂多样，而且形成了经济文化活动的多样性。

2.1.3 城市界定标准

1. 国际上城市界定常用标准

（1）人口数量标准

世界上大多国家的城市设置的人口数量最低标准一般为 2000 ~ 20000 人，联合国规定最低城市人口数量标准为 20000 人（表 2–2）。

部分国家和组织的城市人口数量标准 **表2–2**

国家	美国	日本	英国	印度	联合国
人口低限/人	2500	3500	3500	5000	20000

（资料来源：李丽萍. 城市人居环境[M]. 北京：中国轻工业出版社，2001.）

（2）人口密度标准

很多发达国家还采用人口密度标准来划分城市与乡村，即单位地域空间内聚居人口的密度高低。由于城乡之间在生活水平和市政设施方面的差别并不大，以至于难以区分城市与乡村，一些国家根据自己的人口分布状况，确定了城市的人口密度标准。例如美国规定大于 400 人 /km^2 的地区为城市，日本为 4000 人 /km^2，而澳大利亚只有 190 人 /km^2。

（3）行政区划分标准

行政区的标准就是以政府规定或立法规定的结果作为划分标准。这一做法被世界各国广泛采用。

（4）职业构成标准

职业构成的标准即以人口职业的构成，尤其是从事非农业生产的人口比例，作为划分城市的标准。

2. 我国城市建制历史

我国在新中国成立初期规定人口在 5 万以上的城镇准予设市。1951 年底政务院在《关于调整机构和紧缩编制的决定》中，规定人口在 9 万以上可以设市。1955 年 6 月 9 日，国务院第一次颁布《关于设置市镇建制的决定》规定“聚居人口 10 万以上的城镇，可以设置市的建制。聚居人口不足 10 万的城镇，必须是重要工矿基地、省级地方国家机关所在地、规模较大的物资集散地或者边远地区的重要城镇，并确有必要时方可设置市的建制”。

1986 年 4 月 19 日，国务院批转民政部《关于调整设市标准和市领导县条件的报告》，第一次在市镇建制中加入经济指标。其中规定：非农业人口 6 万以上，年国民生产总值 2 亿元以上，已成为该地经济中心的镇，可以设置市的建制；总人口 50 万以下的县，驻地所在镇的非农业人口 10 万以上、常住人口中农业人口不超过 40%、年国民生产总值 3 亿元以上，可以设市撤县；总人口 50 万以上的县，驻地所在镇的非农业人口在 12 万以上、年国民生产总值 4 亿元以上，可以设市撤县。

1993 年 5 月 17 日国务院批转民政部《关于调整设市标准的报告》。为较均衡地布局城镇体系，按人口密度确立了三个市镇设置标准，对中西部地区适当降低了要求。按行政建制进行的城市人口统计也采取两个统计范围的双轨制，一个是反映城市建成区和郊区的市区人口，另一个是反映整个行政区域内的地区人口。前者更接近人口城市化水平。

3. 我国城市界定标准

1980 年由国家建委修订的《城市规划定额指标暂行规定》按城市人口将城市规模分为四个等级：城市人口 100 万以上为特大城市，50 万以上到 100 万为大城市，20 万以上到 50 万为中等城市，20 万和 20 万以下为小城市。

改革开放以来，伴随着工业化进程加速，我国城镇化取得了巨大成就，城市数量和规模都有了明显增长，原有的城市规模划分标准已难以适应城镇化发展等新形势要求。2014 年 11 月 20 日，国务院印发《关于调整城市规模划分标准的通知》，对原有城市规模划分标准进行了调整，明确了新的城市规模划分标准。当前我国城镇化正处于深入发展的关键时期，调整城市规模划分标准，有利于更好地实施人口和城市分类管理，满足经济社会发展需要。

与原有城市规模划分标准相比，新标准城市类型由四类变为五类，增设了超大城市，并将小城市和大城市分别划分为两档，细分小城市主要为满足城市规划建设的需要，细分大城市主要是实施人口分类管理的需要，标准详见表 2–3。

我国城市规模划分标准 **表2–3**

城市类别	城市细分档次	城区常住人口
小城市	Ⅰ型小城市	20万以上50万以下
	Ⅱ型小城市	20万以下
中等城市		50万以上100万以下
大城市	Ⅰ型大城市	300万以上500万以下
	Ⅱ型大城市	100万以上300万以下
特大城市		500万以上1000万以下
超大城市		1000万以上

表 2–3 中所称的城区，是指在市辖区和不设区的市，区、市政府驻地的实际建设连接到的居民委员会所辖区域和其他区域。常住人口包括：居住在本乡镇街道，且户口在本乡镇街道或户口待定的人；居住在本乡镇街道，且离开户口登记地所在的乡镇街道半年以上的人；户口在本乡镇街道，且外出不满半年或在境外工作学习的人。

2.2 城市的起源

关于城市的起源，迄今主要有以下几种不同的说法：

一是防御说。这种说法认为古代城市的兴起是出于防御上的需要。在居民集中居住的地方或氏族首领、统治者居住地修筑墙垣城郭，形成要塞，以抵御和防止别的部落、氏族、国家的侵犯，保护居民的财富不受掠夺。

二是社会分工说。这种说法认为随着社会大分工逐渐形成了城市和乡村的分离。第一次社会大分工是在原始社会后期农业与畜牧业的分工。不仅产生了以农业为主的固定居民，而且带来了产品剩余，创造了交换的前提。第二次社会大分工是随着金属工具制造和使用，引起手工业和农业分离，产生了直接以交换为目的的商品生产，使固定居民点脱离了农业土地的束缚。第三次社会大分工是随着商品生产的发展和市场的扩大，促使专门从事商业活动的商人出现，从而引起工商业劳动和农业劳动的分离，并形成城市和乡村的分离。

三是私有制说。这种说法认为城市是私有制的产物，是随着奴隶制国家的建立而产生的。商品剩余产生了私有制，继而产生了城市，并伴随产生国家。

四是阶级说。这种说法认为从本质上看，城市是阶级社会的产物，是作为统治阶级用以压迫被统治阶级的工具而产生的。

五是集市说。这种说法认为由于商品经济的发展，形成了集市贸易，促使居民和商品交换活动的集中，从而出现了城市。

六是地利说。这种说法用自然地理条件解释城市的产生和发展。认为一些城市的兴起是由于地处商路交叉点、河川渡口或港湾，交通运输方便，自然资源丰富等。

上述六种说法，从不同角度、不同层次对城市的起源做出了回答。但其中最根本的原因，是经济的发展。正如马克思和恩格斯指出："某一民族的内部分工，首先引起工商业劳动和农业劳动的分离，从而也引起城乡的分离和城乡利益的对立。"所以，城市是生产力发展到一定历史阶段的产物，城市的发展也离不开生产力的发展。当然，生产力的发展也离不开与生产关系的相互作用，经济基础离不开与上层建筑的相互作用。归根结底，城市的产生取决于自然、地理、经济、社会、政治、文化等诸多方面的因素。

城市作为一种复杂的经济社会综合体，不可能是在某一天突然出现，而是有个逐渐的演进过程，必须经过一段漫长的历史发展时期。图 2–3 描述了城市从原始聚居状态发展为现代城市的漫长的演化历程。

图 2–3　城市的演变与发展

2.3 古代城市

2.3.1 中国古代城市

1. 唐都城长安

(1) 城市概况

唐长安城，兴建于隋朝，隋时称之为大兴城，唐朝易名为长安城，是隋唐两朝的都城。唐长安城是一个东西略长，南北略窄的长方形。根据考古实测，从东墙的春明门到西墙的金光门之间，东西宽为 9721m（包括两城墙厚度）；从南墙的明德门到北墙的玄武门偏东处之间，南北长为 8651m（包括两城墙厚度）。相比较东西长出 1070m，周长约 35.5km，面积 $84km^2$。算上大明宫，城墙范围内用地 $87km^2$，是中国历史上规模最为宏伟壮观的都城，也是古代世界上规模最大的城市。城北还有广阔的皇家禁苑，和城市面积合起来，有 $250km^2$ 左右。

唐长安城（图 2–4）的城市建设气势恢宏，城内百业兴旺，《长安志》记载当时城内"共有户三十万"，最多时人口超过 100 万。其面积是隋唐陪都洛阳城的 2 倍，是汉长安城的 2.4 倍，是明清北京城的 1.4 倍。比同时期的拜占庭帝国都城君士坦丁堡大 7 倍。此后 300 年间，唐长安城一直是人类建造的最大都城。

(2) 城市总体布局

唐长安城的建筑分三大部分：宫城、皇城和外郭城，按中轴对称布局。位于北部正中的是宫城，为皇帝和皇族所居；宫城南面是皇城，面积比宫城略大，是中央政府机构所在地；宫城和皇城之外是外郭城，为居民区和商业区，以宫城、皇城为中心，向东西南三面展开。

长安城的外城四面各有三个城门，贯通十二座城门的六条大街是全城的交通干道。城内南北 11 条大街，东西 14 条大街，把居民住宅区划分成了整整齐齐的 110 坊，这体现了中国古代城市管理的一种重要制度——里坊制。纵贯南北的朱雀大街则是一条标准的中轴线，它把长安城分成了东西对称的两部分，

图 2–4 唐长安城复原示意

东、西两部各有一个商业区，称为东市和西市。在城市的北部则是皇家宫苑——大明宫（图 2–5），占地 354 公顷。整座城市规模宏伟，布局严谨，结构对称，排列整齐，堪称中国古代都城的典范。城市平面图如图 2–6 所示。

图 2–5　唐长安城大明宫遗址

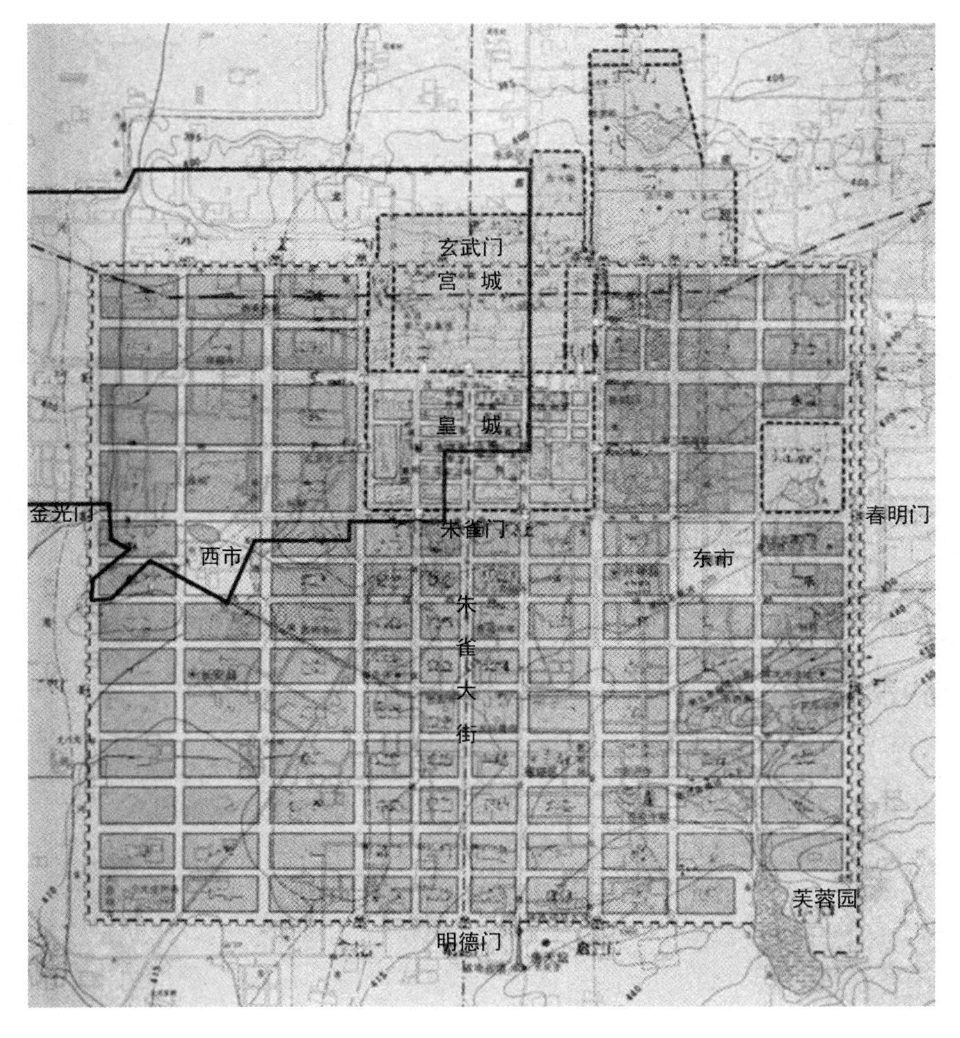

图 2–6　唐长安城复原图

(3) 城市规划特点

1) 规模宏大，规划严整

唐长安城是当时世界上最大的城市，规模宏大，规划整齐，被认为是我国古代城市规划史上的里程碑。从唐长安城的平面布局来看，规划者严格按中轴线左右对称、方格网布局。全城以宫城的承天门、皇城的朱雀门和外郭城的明德门之间的连线，也即承天门大街（亦名天街）和朱雀大街为南北向中轴线，以此为中心向左右展开。为突出北部中央宫城的地位，以承天门、太极殿、两仪殿、甘露殿、延嘉殿和玄武门等一组组高大雄伟的建筑物压在中轴线的北端，以其雄伟的气势来展现皇权的威严。

唐长安城是当时中国政治、经济、文化中心，集中展示了当时高超的建筑技术、建城理念和文化发展水平。后世的都城直接或间接地受到了长安城规划的影响。日本、朝鲜等国的都城也多仿照长安城修建，日本平城京（今奈良市）（图 2–7）和后来的平安京（今京都市）等深受唐长安城规划的影响。

2) "里坊制" 规划格局

唐长安城是中国古代实行 "里坊制" 城市格局的典范。当时，全城划分为 108 个坊，里坊大小不一：小坊约 1 里见方，和传统尺度相似；大坊则成倍于小坊。坊的四周筑高厚的坊墙，有的坊设 2 门，有的设 4 门。坊内有宽约 15m 的东西横街或十字街，再以十字小巷将全坊分成 16 个地块，由此通向各户。坊里有严格的管理制度，坊墙不得随意开门开店，夜晚实行宵禁。坊内居民实行 "连保制度"，以便于统治和管理。如图 2–8 所示。

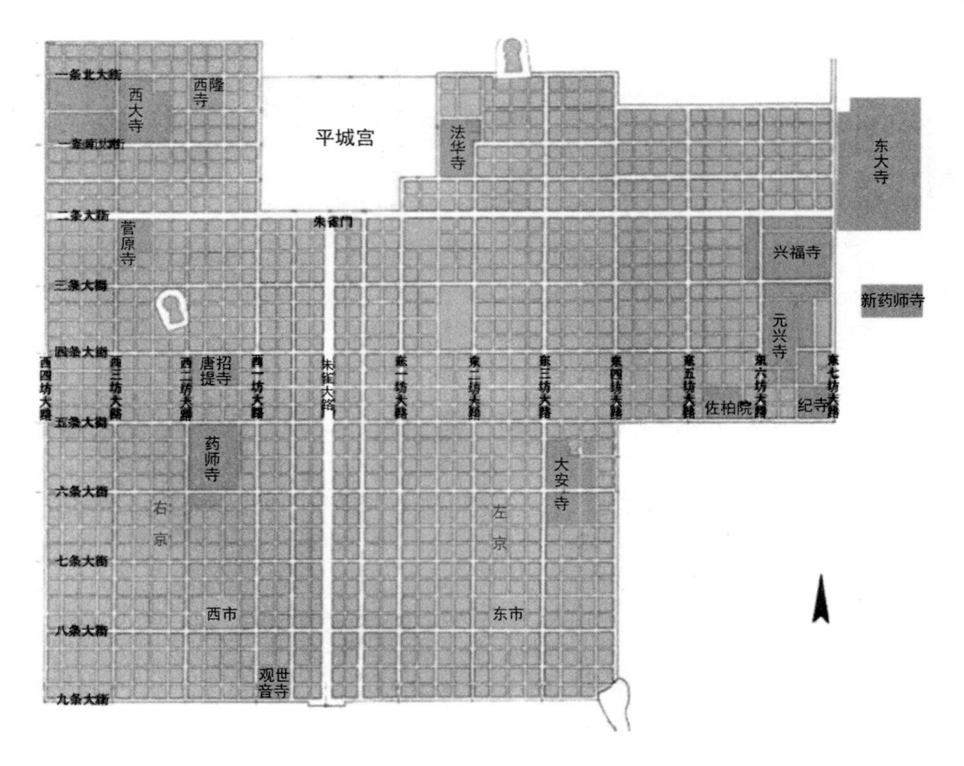

图 2–7　日本古都平城京平面图

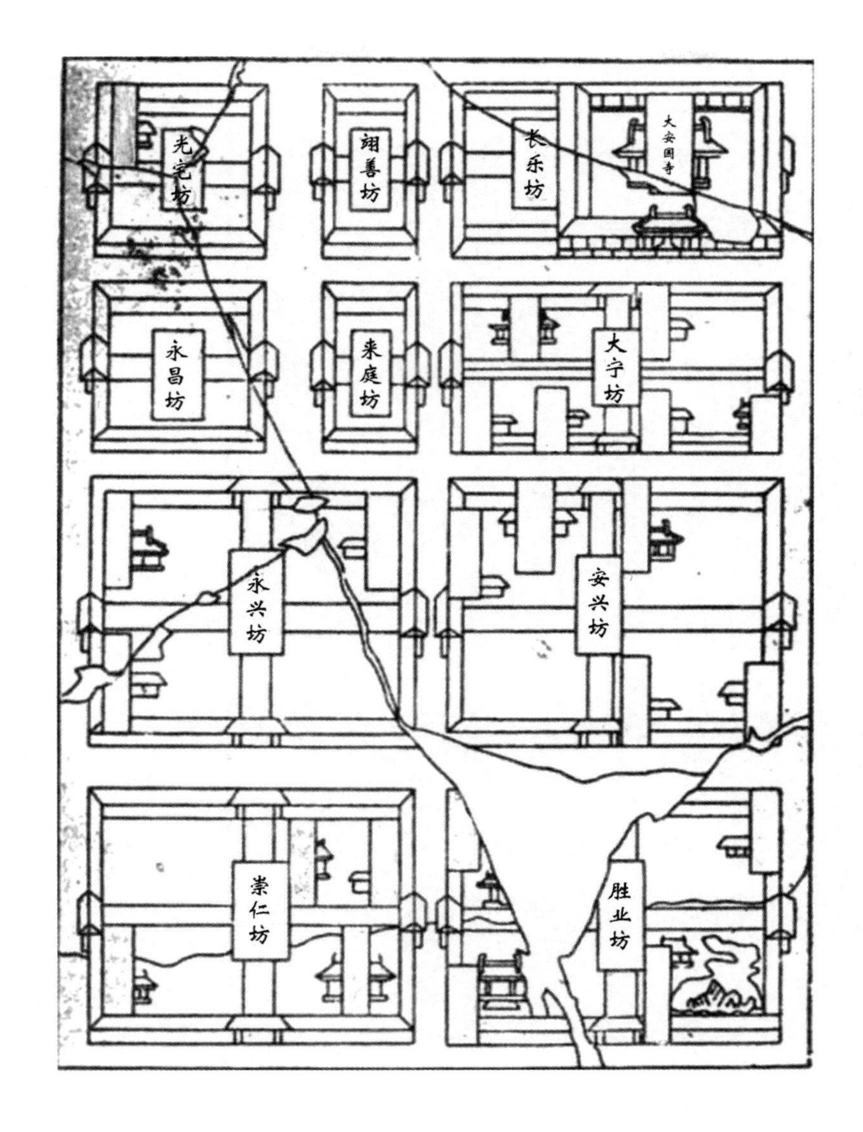

图 2–8　封闭的唐长安城里坊

2. 北宋都城东京

北宋东京城（今开封）是我国古代都城的又一种类型的典范，在中国城市发展史上，起着承前启后的作用。

（1）城市概况

开封一带建城历史悠久，建都史可一直追溯至战国时期的魏国。北宋统一全国后，赵氏统治者认为这里地理位置适中，建城基础好，便于利用南方物资，且政治环境稳定，便定都于此，改名东京。都城历时 167 年，极盛时人口达 150 万左右，是当时全国第一大都市。

（2）城市总体布局

北宋东京城的整体格局由外城、内城和皇城三重城垣构成，层层套叠，显示了当时国际大都会的宏大气势（图 2–9）。皇城居于城市中心，内城围绕在皇城四周，最外为外城（亦称罗城），平面近方形，东墙长 7660m，西墙长

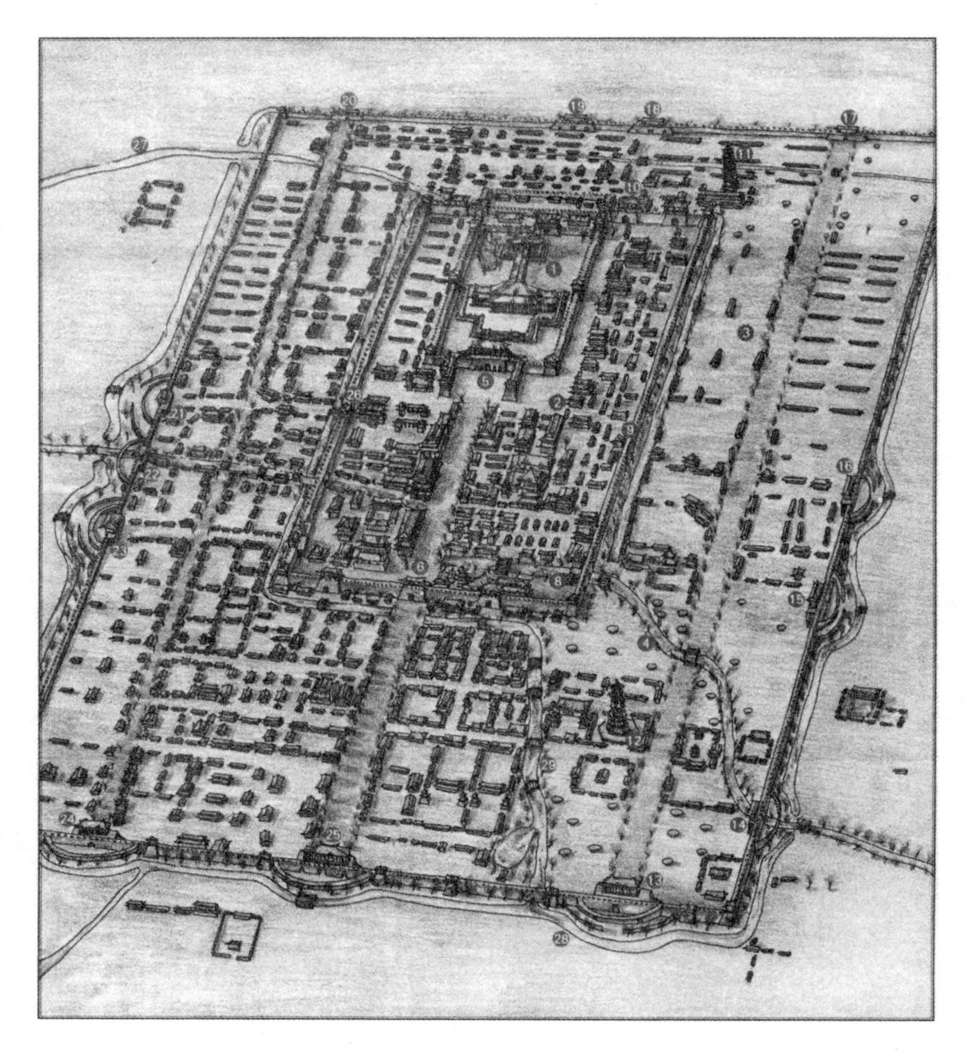

图 2-9　北宋东京城复原图

1—皇城；2—内城；3—外城；4—汴河；5—宣德门；6—朱雀门；7—郑门；8—宋门；9—曹门；10—封丘门；11—铁塔；12—繁塔；13—陈州门；14—扬州门；15—新宋门；16—新曹门；17—陈桥门；18—新封丘门；19—酸枣门；20—卫州门；21—固子门；22—万胜门；23—新郑门；24—戴楼门；25—南薰门；26—大梁门；27—金水河；28—护城壕（河）；29—蔡河

7590m，南墙长 6990m，北墙长 6940m。全城道路从市中心通向各城门，主干道称为御路的有三条，此外是一些次要道路，组成不规则的道路网，反映了不受里坊约束的特点。

北宋东京城因袭五代旧城，从一开始就没有封闭的里坊，城市面貌有诸多变化。主要街道成为繁华商业街，皇城正南的御路两旁有御廊，允许商人交易，州桥以东、以西和御街店铺林立；住宅与商店分段布置，如州桥以北为住宅，州桥以南为店铺；有的街道住宅与商店混杂；集中的市与商业街并存，被称为“瓦市”，一些街区还存在夜市，许多酒楼、餐馆通宵营业。《清明上河图》真实地反映了东京城当时商业街的面貌（图 2-10）。此外，随着经济的发展和文化的繁荣，出现了集中的娱乐场所——瓦子，由各种杂技、游艺表演的勾栏、茶楼、酒馆组成，全城较大规模的有五六处。

（3）城市规划特点

开封在成为首都以前，就已是一个历史悠久的商业城市，并形成了自己

图 2–10　清明上河图（局部）

的城市格局。因此，和那些由于军事或政治需要新建的都城不同，北宋东京城的规划并不像唐长安城那样方正规矩，城市结构冲破了传统的里坊制，较多适应了经济发展的需要。这是中国历史上都城布局的重要转折点，对以后的几代都城有较大的影响。

另外，北宋东京城的三套城墙、宫城居中、井字形道路系统等对后来的都城规划影响很大。

3. 明清都城北京

（1）城市概况

北京城是中国封建社会后期元明清三朝的都城。元大都城（即北京）设计时参照《周礼·考工记》中“九经九纬”、“前朝后市”、“左祖右社”的记载，规模宏伟，规划严整，其都城的基本格局一直延续至明清。

古都北京作为一座先有规划而后营建的城市，通过集中与分布、对称与延展、独立与呼应等规划设计手法，将所有建筑构成一个和谐的城市整体，体现了我国古代都城营建的理论和技艺。在《北京城市总体规划修编（2004—2020）——北京旧城保护研究》中对古都北京有这样的评价：“从中国城市发展来看，北京是中国古代都城的最后结晶，是历史精华的叠加与因势利导的创造，是最完整的体系，是最后的地面遗存。从建筑学的意义看，北京是世界上仅有的在城市规划学、城市设计学、风景园林学与建筑学融成一个体系，凝聚在一个城市中，融合为一体的杰作。世界上只有局部的例子，但从没有像北京这样全面而完整。现代中国，其他古都均消失了，在地面遗存中唯有北京是唯一最集中、最完整的范例。”著名建筑设计师贝聿铭也说：“北京古城最杰出之处，就在于它是一个完整的有计划的整体。”

（2）城市总体布局

元大都在规划时完全按照《周礼·考工记》中“王城规制”思想营建，明清北京城在保留元大都基本格局基础上，吸收古代都城规划的优点进行创新和发展。

明清北京城共有四重城垣，自内而外分别为：紫禁城、皇城、内城、外城。这四重城垣既是军事防御设施，更是帝王中心形象的扩大。都城的规划通过"城垣"这样一种建筑形式，来集中体现封建帝王"唯我独尊"的皇权思想，从紫禁城到外城，一重一重地逐次向外延展，不仅使帝王处于层层拱卫之中，而且组成了一个相互呼应的城市格局。

明清北京城突出了紫禁城、强化了中轴线。一条南起永定门、北至钟楼的中轴线是紫禁城乃至整个北京城规划设计的基本准则。紫禁城中的前朝"三大殿"与后廷"后三宫"都坐落在这条城市中轴线上，充分体现了中轴线的核心地位和紫禁城"中"与"正"的尊贵位置，表达了"唯我独尊"、"王者必居天下之中"的封建皇权思想。北京全城左右对称、前后起伏、恢弘壮美的建筑格局和空间分配也都是以这条中轴线为依据规划建设的（图 2–11、图 2–12）。

（3）城市规划特点

明清北京城的布局，恢复了传统的宗法礼制思想，继承了历代都城的规划传统。整个都城以皇城为中心，皇城前左（东）建太庙，右（西）建社稷坛，并在城外四方建天、地、日、月四坛。在城市布局艺术方面，重点突出，主次分明，运用了强调中轴线的手法，烘托出宏伟壮丽的景象。从外城南门永定门直至钟鼓楼构成长达 8km 的中轴线，沿轴线布置了城阙、牌坊、华表、桥梁和各种尺度不同的广场，辅以两边的殿堂，更加强了宫殿庄严气氛，显示了封建帝王至高无上的权势（图 2–13、图 2–14）。

明清北京城内的街道，基本是元大都的基础。街道的分布基本形式是通向各城门的街道组成城市的干道，规划整齐。在南北的主干道两侧，等距离地平列着许多东西向的胡同，并以胡同划分为长条形的居住地带，中间一般为四

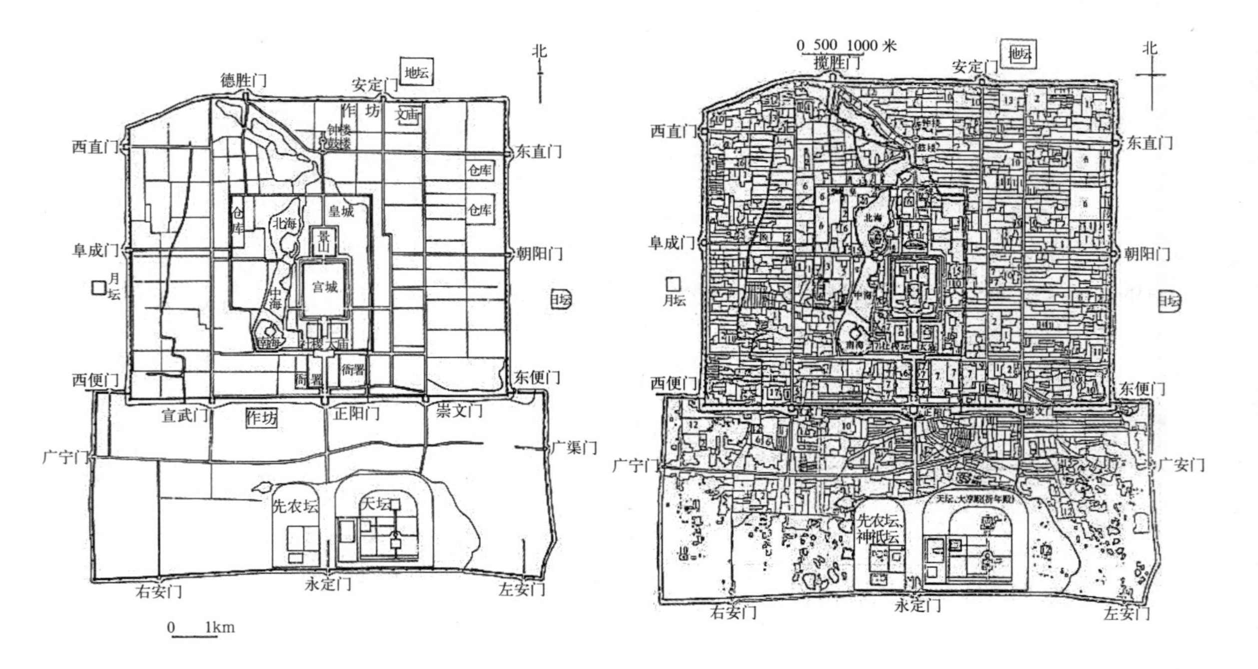

图 2–11 明朝北京城复原图（左）

图 2–12 清朝北京城复原图（右）

图 2–13　紫禁城鸟瞰

图 2–14　紫禁城平面图照片

合院。城内所设的坊只是城市管理上的划分，没有坊墙、坊门等里坊制的管理设施。

其实，无论是隋唐都城长安、元大都、明清都城北京，还是其他遍布大江南北的中小城市，都留下了《周礼 · 考工记》王城规划的痕迹（见本书第 3 章内容）。《周礼 · 考工记》反映的中国早期王城布局和都城设计的制度，一直影响着中国古代城市的建设，许多大城市，特别是政治性城市大多按照这种理论修建。

2.3.2 国外古代城市

1. 古罗马城

古罗马时代是西方奴隶制度发展的最高阶段。古罗马人依仗巨大的财富、卓越的营造技术、性能优良的材料、古希腊与东方各国的建筑形制和方法，并结合自己的传统，创造出古罗马独有的建筑与城市建设风格。

古罗马城位于亚平宁半岛西部的台伯河畔，因建在七座山丘之上并拥有悠久的历史，故有“七丘城”和“永恒之城”之称。它是在一个较长时间里自发形成的，没有统一的规划蓝图的城市。在城市发展的过程中，城市中心逐步形成广场群，有三条主干道从市中心放射出去。广场上建有裁判所、庙宇、斗兽场、市场、市政厅等公共建筑物。这些建筑物与各种文化生活设施一起，共同组成城市的公共中心（图 2–15）。其中的图拉真市场（图 2–16）是世界上最早的购物中心。

古罗马城市建设的成就还表现在它的市政工程上。大街最宽处达 20 ~ 30m，人行道与车行道分开。有的城市干道两侧还建有列柱与顶子，形成长长的柱廊。街道铺着光滑平坦的大石板，有的还在路面上做出车辙及转弯半径。古罗马人发明了拱券结构来跨越大跨度的空间。这种技术不仅应用于内部空间庞大的建筑物，而且还用在市政工程上，他们利用这种拱券技术来架设输水道，建成了上面敷设着自来水渠的连续券，这成为当时古罗马城内最宏伟的城市景观之一。

2. 古雅典卫城

古雅典城邦位于古希腊中部的阿提卡半岛，有良好的港湾、丰富的矿产，有利于手工业、商业及航海业的发展，平民阶层力量强大。古雅典城背山面海，城市按地形变化而布置。城市布局不规则，无轴线关系，中心是卫城，城市发展到卫城西北角形成城市广场，最后形成整个城市。广场是群众集聚的中心，有司法、行政、工商业、宗教、文娱交往等社会功能。为强调给公民平等的居住条件，以方格网划分街坊。

古雅典城最杰出部分就是它的卫城。卫城作为宗教中心与公共活动场所，是古雅典城邦强盛的纪念碑。古雅典作为一个民主的城邦国家，卫城发展了自

图 2–15　古罗马城鸟瞰（左）
图 2–16　古罗马城图拉真市场遗址（右）

图 2–17　古雅典卫城

由活泼的布局方式。建筑物的安排顺应地势，既考虑到从城下四周仰望的视角，又考虑到置身其中的空间感，并且充分利用了地形（图 2–17）。

2.4　近现代城市

2.4.1　中国近现代城市

1．"租界" 发展而来的上海

上海位于长江入海口南岸，因黄浦江深水航道而成为天然良港。南宋时这里已形成了市镇，元朝开始设立市舶司，管理船舶并收税。元至元二十九年（公元 1292 年）正式设立上海县治。到了明朝末期，这里的商业及手工业已经相当发达。

鸦片战争后，根据《南京条约》，上海于 1843 年开辟为商埠，并于 1845 年 11 月划出一定地界作为英国的租界。其后，又先后划出一定地界作为美租界、法租界。日本虽未划出租界区，但有其势力范围。上海租界从 1845 年设立开始，至 1943 年 8 月结束，历时近百年。在近代中国史上，上海的外国租界开辟最早，存在时间最长，面积最大。对中国近现代历史产生了深远的影响。

上海开埠后，城市发展中心从老城厢转移到租界，在城市布局上租界横亘于市中心地区，与国民政府管辖区相互分割，市政、道路交通等各为其政，迫切需要一个整体的发展计划。1927 年，上海特别市成立后，上海市中心区域建设委员会负责制定上海历史上第一个综合性都市发展总体规划——《大上海计划》（图 2–18）。《大上海计划》以突出港口城市特色为重点，将规划视角拓展到当时的市域 500km^2 范围。道路网设计采用了西方盛行的小方格与放射路相结合的形式。其中，在翔殷路与淞沪路、黄兴路的交口处再多开辟一条其美路（今四平路），构成了五角场放射状道路格局。

抗战胜利后，为适应战后重建和复兴，巩固和发展上海在全国的作用，上海市政府设立上海都市计划委员会，编制《大上海都市计划》（图 2–19）。《大

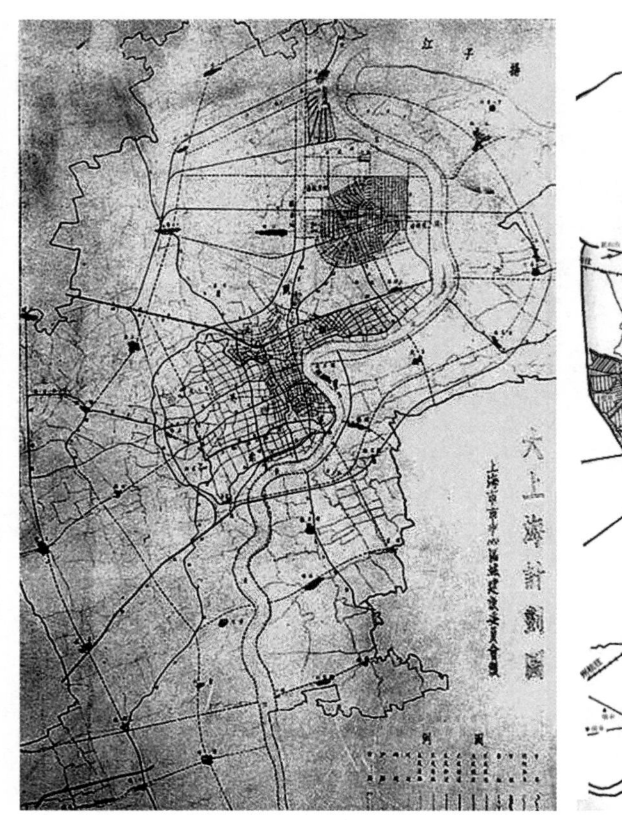

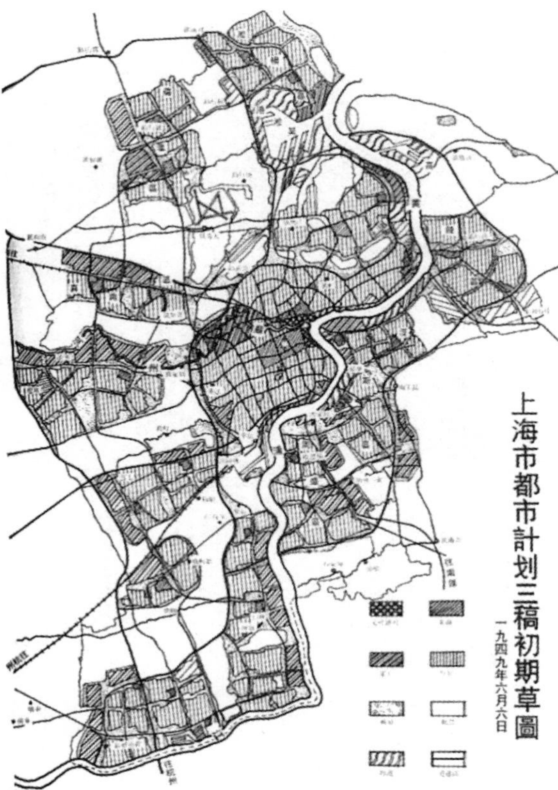

图 2–18　1927 年大上海计划（左）
图 2–19　1949 年大上海都市计划（右）

上海都市计划》规划确定上海的都市性质为“港埠都市，亦将为全国最大工商业中心之一”。在空间布局方面，针对当时市中区约占市域面积 9.6% 的土地范围内集中了全市 3/4 人口的格局，提出采用有机疏散的理论，在郊区新市区建设“邻里单位”。在道路交通方面，将道路按功能分为交通性质道路、建筑艺术与居住生活性质道路，并提出交通性干道的交叉口要限制，干道在市中心区则可设计成为高架性质的道路，这些理念迄今仍然适用。

《大上海都市计划》将欧美现代主义城市规划理念因地制宜地运用于上海的规划实践中，开启中国现代城市规划的先河。在区域的视角下，对城市人口和功能进行空间布局，通过发展新市区与逐步重建市中区的方式，将人口向新市区疏散，将工业向郊外迁移。其“有机疏散、组团结构”理念以及确立卫星城的建设思路对新中国成立以后上海的历次城市总体规划产生深远影响。

新中国成立初期，上海的城市建设主要是恢复和发展生产，开辟近郊工业区，为劳动人民建造住宅。1958 年，国务院批准将嘉定、上海、松江等十个县划归上海市。在此背景下，1959 年编制完成了《关于上海城市总体规划的初步意见》，首次将规划范围扩大至包括新划入十县在内的全市域（图 2–20）。

改革开放后，上海从以工业为单一功能的内向型生产中心城市逐步向多功能的外向型经济中心城市发展，1984 年编制完成上海市总体规划方案。20 世纪 90 年代后，为适应浦东开发开放的建设需求和上海社会经济发展的需要，

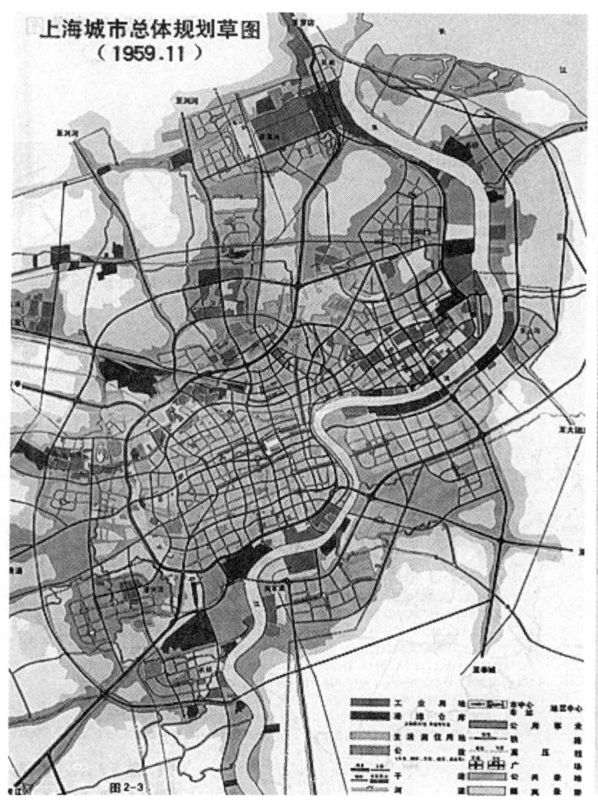

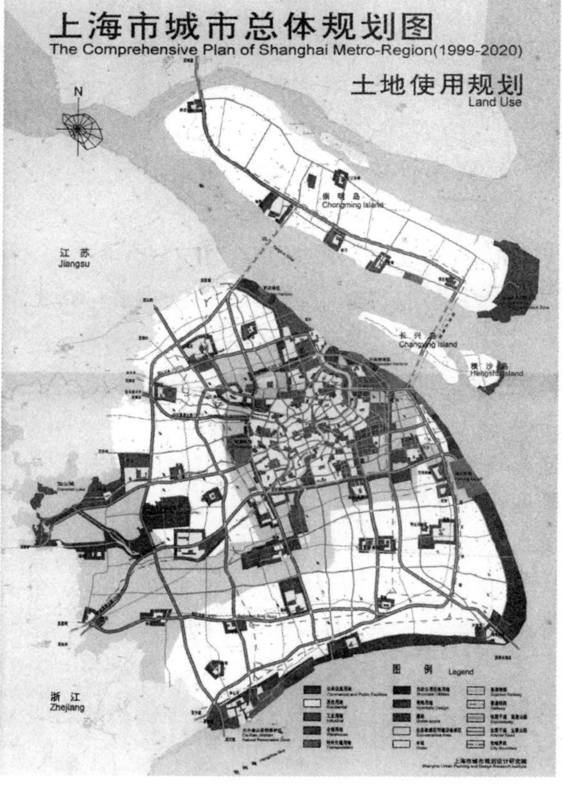

图 2–20 1959 年上海市城市总体规划（左）

图 2–21 1999 版上海市城市总体规划（右）

上海开始编制新一轮城市总体规划，于 2001 年完成《上海市城市总体规划（1999—2020）》（图 2–21）。总规明确上海是我国重要的经济中心和航运中心，国家历史文化名城，并逐步建成社会主义现代化国际大都市，国际经济、金融、贸易、航运中心之一，“四个中心”由此起步。在空间布局上，上海的城市发展空间从“浦江时代”拓展到“长江时代”，在传统沪宁、沪杭发展轴线的基础上，进一步发展滨江沿海发展轴；继续推进浦东新区的建设；集中建设新城和中心镇；并将崇明作为 21 世纪上海可持续发展的战略空间。按照城乡一体、协调发展的方针，该版总规提出“多轴、多层、多核”的市域空间布局结构，拓展沿江、沿海发展空间，确立了市域“中心城、新城、中心镇、一般镇”城镇体系及“中心村”五个层次。

目前，上海市正在着手编制第六轮总体规划——《上海市城市总体规划（2015—2040）》。规划将严格控制人口规模，力争至 2020 年常住人口控制在 2500 万人左右，并作为 2040 年常住人口规模的动态调控目标；建设用地将只减不增，总量控制在 3200km^2 以内。

若以 1946 年上海首次编制的完整版城市总体规划为始，至新一轮规划所指向的 2040 年，几乎跨越 100 年。放眼百年，再看规划，虽分别处于不同历史阶段，但规划本身在发展目标、空间布局、生态控制等方面，均体现了与时俱进、以人为本的特点。

1946 版《上海市都市计划（1946—1949）》，是上海乃至中国大城市编制的首部现代城市总体规划，提出市中心要保持 32% 的绿地和旷地。

1953 版《上海市总体规划示意图》，提出疏散旧区稠密的人口和居住靠近工作地点的原则。

1959 版《关于上海城市总体规划的初步意见》，首次将规划范围扩大至全市域。

1986 版《上海市城市总体规划方案（修改稿）》，确定上海的城市性质为我国的经济中心之一，是重要的国际港口城市。

1999 版《上海市城市总体规划（1999—2020）》，标志着上海从“浦江时代”迈向“长江时代”。

目前正在编制的第六轮城市总体规划，描绘了上海的未来愿景：将成为追求卓越的全球城市，一座更具竞争力的繁荣创新之城、更具可持续发展能力的健康生态之城、更富魅力的幸福人文之城。

2. 外国独占发展而来的青岛

青岛市，旧称“胶澳”，地处山东半岛东南部沿海，胶东半岛东部，东、南濒临黄海，隔海与朝鲜半岛相望。

1897 年，德国借口“曹州教案”派兵强占青岛，并于次年强迫清政府签订《中德租界条约》，租借青岛 99 年。德国占领期间，城市建设上以军事据点及贸易港口为重点，城市规划突出了这两方面的要求。1914 年，第一次世界大战爆发，日本取代德国占领青岛。1919 年，以收回青岛主权为导火索，爆发了“五四运动”。1922 年 12 月 10 日，中国北洋政府收回青岛，辟为商埠。1938 年 1 月，日本再次侵占青岛。日本占据期间的青岛规划，着重于经济侵略方面，具体执行其“工业日本，农业中国”的侵华总方针，偏重于工业及交通方面。1945 年 9 月，国民党政府接管青岛，设为特别市。1949 年 6 月 2 日，青岛成为华北地区最后一座解放的城市。

1986 年青岛被列为 5 个计划单列市之一，1994 年青岛被列为全国 15 个副省级城市之一，2011 年青岛被定位为山东半岛蓝色经济区核心区的龙头城市。

2016 年 1 月，国务院正式批复《青岛市城市总体规划（2011—2020）》（图 2–22）。该规划为城市树立“保护生态环境就是保护生产力、改善生态环境就是发展生产力”的理念，提出“三大中心城区 11 大组团”的城市格局，将创造优美人居环境作为中心目标，建设“青山绿水碧海蓝天”的美丽青岛。

2.4.2 国外近现代城市

1. 伦敦

（1）城市概况

伦敦（London），英国的政治、经济、文化、金融中心，世界著名旅游胜地，是欧洲最大的城市，与美国纽约并列世界上最大的金融中心。它位于英格兰东南部的平原，跨泰晤士河。16 世纪后，随着英国的迅速崛起，伦敦的规模急速扩大。

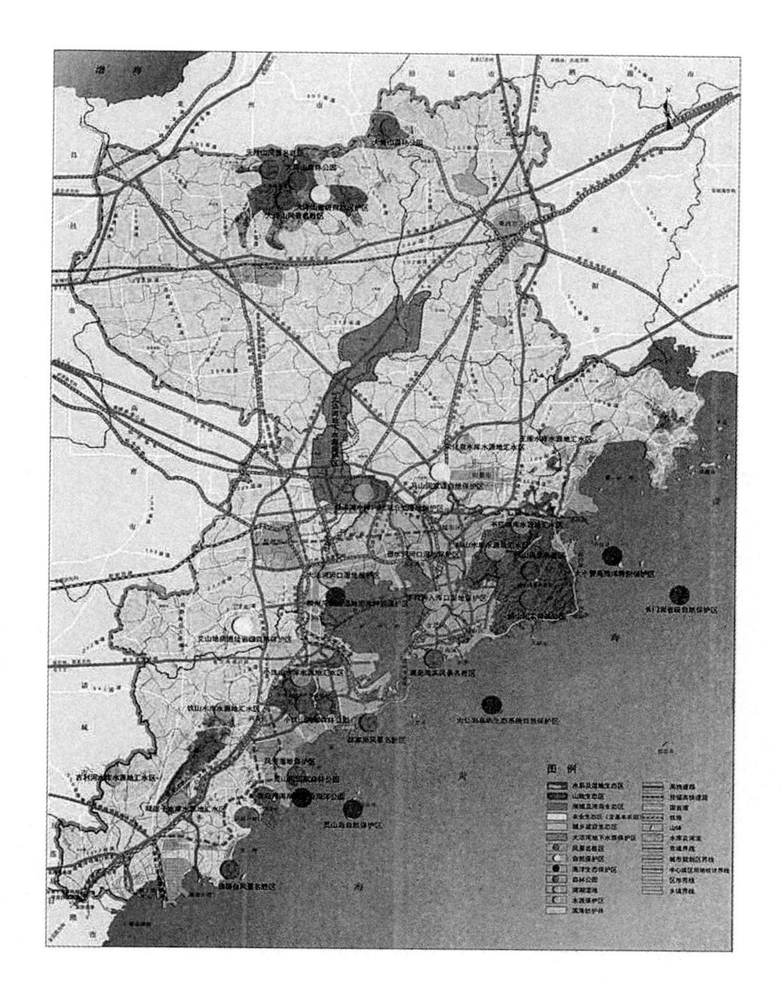

图 2–22 青岛市城市总体规划（2011—2020）

目前，大伦敦包括伦敦城、内伦敦和外伦敦，面积 1580km²，共有 33 个区，其中伦敦城是其核心区。

（2）城市规划建设

整个大伦敦的规划格局由大伦敦环加放射线构成，城周用绿化环带围绕，在半径约 48km 的范围内，形成由内向外的四个圈层结构：内圈、近郊圈、绿带圈、外圈。内圈是控制工业、改造旧街坊、降低人口密度、恢复功能的地区；近郊圈作为建设良好的居住区和健全地方自治团体的地区；绿带圈的宽度约 16km，以农田和游憩地带为主，严格控制建设，作为制止城市向外扩展的屏障；外圈计划建设 8 个具有工作场所和居住区的新城，从中心地区疏散 40 万人到新城去（每个新城平均容纳 5 万人），另外还计划疏散 60 万人到外圈地区的现有小城镇。大伦敦的规划结构为单中心同心圆封闭式系统，其交通组织采取放射路与同心环路直交的交通网（图 2–23）。

1982 年编制的大伦敦规划方案中，采取在外围建立卫星城镇的方式，并且提出从大城市地区的工业及人口分布的规划着手，实现大城市人口有机疏散。大伦敦规划汲取了 E · 霍华德和 P · 格迪斯等人的关于以城市周围地域作为城市规划考虑范围的思想，体现了格迪斯提出的城镇群的概念，把建立卫星城的思想和地区的区域规划联系在一起。大伦敦发展战略规划的编制同时遵守了五个共同的主题，即：繁荣的城市，宜人的城市，宜达的城市，公平的城市，绿色的城市。图 2–24 显示了伦敦规划演变的历史进程。

大伦敦规划吸取了 20 世纪初期以来西方规划思想的精髓，对控制伦敦市区的自发性蔓延、改善混乱的城市环境起了一定的作用，对各国大城市的规划具有重要的借鉴意义。

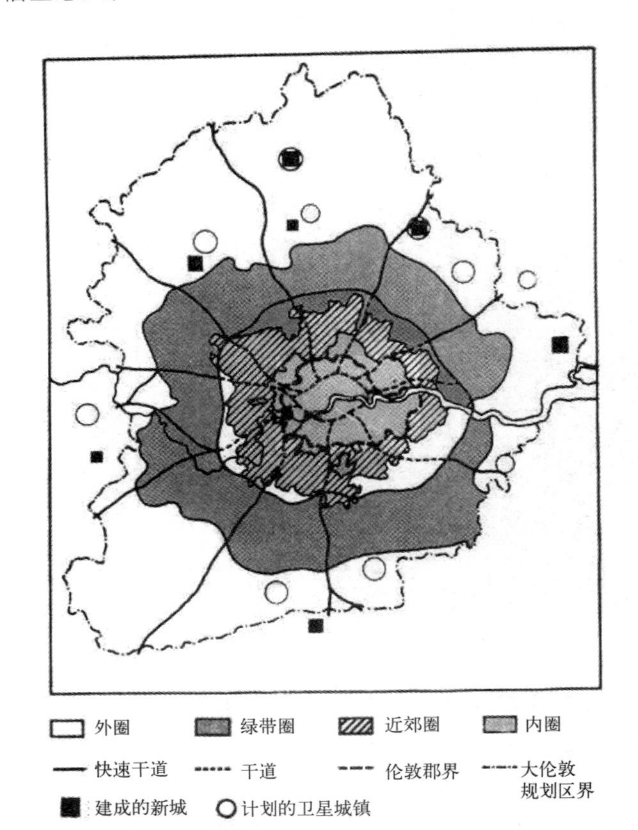

图 2–23　大伦敦规划示意图

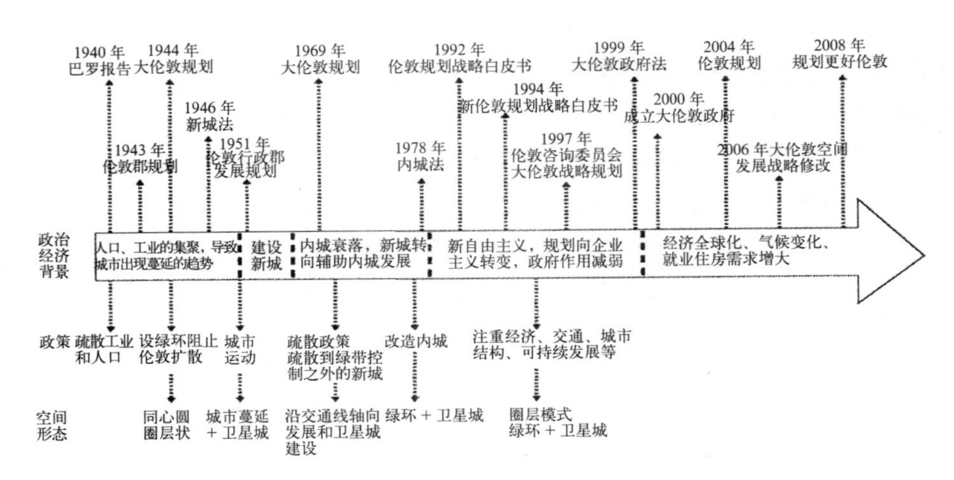

图 2–24　伦敦规划演变进程

2. 堪培拉

(1) 城市概况

堪培拉是澳大利亚的首都，全国政治中心。城市位于澳大利亚的东南部，原为牧羊地，1913 年按规划始建，1927 年联邦政府从墨尔本迁于此。堪培拉被誉为“大洋洲的花园城市”，是世界十大“绿都”之一。

(2) 城市规划建设

堪培拉是一个明确按照规划建设起来的城市。1911 年，澳大利亚联邦为建设新首都举行了规划设计国际竞赛，美国景观设计师瓦尔特·伯利·格里芬(Walter Burle Griffin) 夫妇中标。其规划方案指导思想是依据霍华德的田园城市理论，利用地形，把自然风貌与城市景观融为一体，使堪培拉既成为全国的政治中心，又具有城市生活的魅力（图 2–25、图 2–26）。

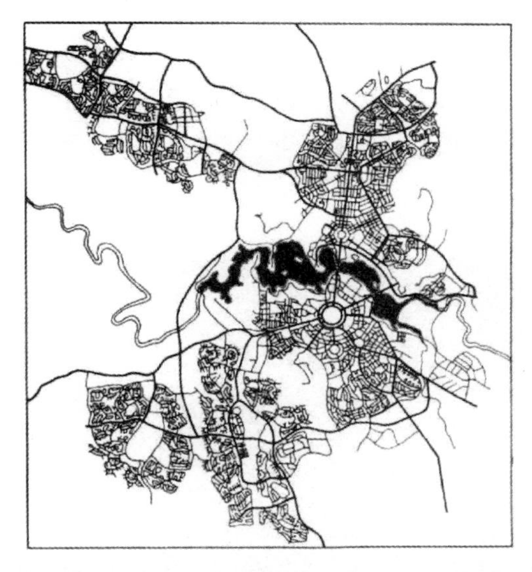

图 2–25　堪培拉规划平面示意图

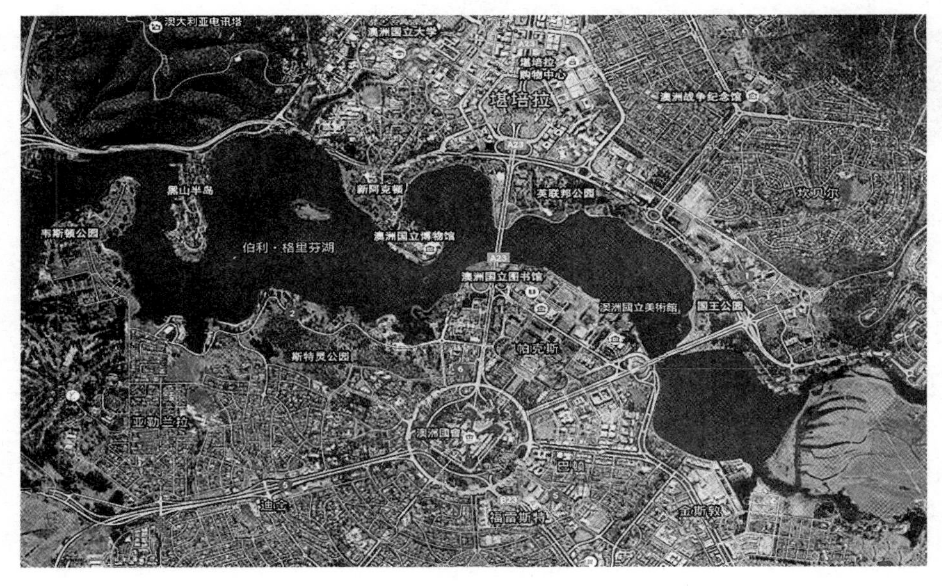

图 2–26　堪培拉卫星图

首先，回归自然的选址。格里芬将城址选择在澳大利亚东南部跨莫朗格洛河两岸的丘陵和平地上。规划人口25000人，用地30km²，北面有缓和的山丘，东南西三面有森林密布的很高的山脊，使城市造型宛如一个不规则的露天剧场，堪培拉地区边缘的山脉作为城市的背景，市区内的山丘作为重要建筑物的场地或城市中各个对景的焦点。

其次，依据霍华德田园城市理论营造田园风格的城市。设计充分具备田园城市元素：核心、放射线、同心圆、扇区等。整个城市以国会山为圆心，1.5km为半径，以从北向东往南顺时针方向的环城路为一个半圆弧线，再以南北两条宽阔的联邦大街、国王大街为边，构成一个扇形，扇形内有宽而直的市道使扇形区分成若干块几何图案，这每块图案便是整齐的街区，街区内又有许多的道路纵横交错，最窄的小巷也为双车道，车辆可以开到每家门前。格里芬湖（Griffin Lake，图2–27）位于堪培拉的市中心，像一条天蓝色的丝巾围在堪培拉的颈项上，把堪培拉分成南北两半，而横跨南北的联邦桥和国王桥又把这两半紧扣在一起。以湖为界，南边是政府机关区，北边为商贸市场区，东边是科教文卫区，西边为市民住宅区，这种布局既协调合理，又方便舒适，做到了形式与功能的有机统一。

图2–27 以规划师名字命名的格里芬湖

再次，整个平面通过与地形相关的两条巨大轴线联系起来。"地轴"位于东北部安斯利山（Mount Ainslie）和西南部宾贝里山（Mount Bimberi）之间，轴线上的这两处突出地形后来分别成为国会山和议会山。

2.5 城镇发展与城镇化

2.5.1 城镇化内涵

城镇化是指人类生产和生活方式由乡村型向城市型转化的历史过程，表现为乡村人口向城市人口转化以及城市不断发展和完善的过程。又称城市化、都市化。它包含两层含义：一是城市数量增加或城市规模扩大的过程，表现为城市人口在社会总人口中的比重逐渐上升；二是将城市的某些特征向周围的郊区传播扩展，是当地原有的文化模式逐渐改变的过程。城镇化进程中，第一产业比重逐渐下降，第二、第三产业比重逐步上升，同时伴随着人口从农村向城市流动这一结构性变动。

城镇化率一般用一定地域内城镇人口占总人口比例来表示，图 2–28 是城镇化进程的"S"曲线。纵观世界城镇化的历程，大致可分为三个阶段。初期阶段（起始阶段）——生产力水平较低，城镇化速度缓慢，很长时间内城镇人口占总人口的比重一直在 30% 以下。中期阶段（加速阶段）——工业革命加快城镇化进程，在不长的时间里，城镇人口的比重就从 30% 上升到 60% 甚至更高。稳定阶段（停滞阶段）——农业现代化基本完成，农村剩余劳动力已基本转化为城镇人口，一部分工业人口转向第三产业，城镇人口的比重趋于稳定。

改革开放以来，伴随着工业化进程加速，我国城镇化经历了一个起点低、速度快的发展过程。1978 ~ 2013 年，城镇常住人口从 1.7 亿人增加到 7.3 亿人，城镇化率从 17.9% 提升到 53.7%，年均提高 1.02 个百分点；城市数量从 193 个增加到 658 个，建制镇数量从 2173 个增加到 20113 个。图 2–29 是我国过去一段时期内的城镇化发展进程。

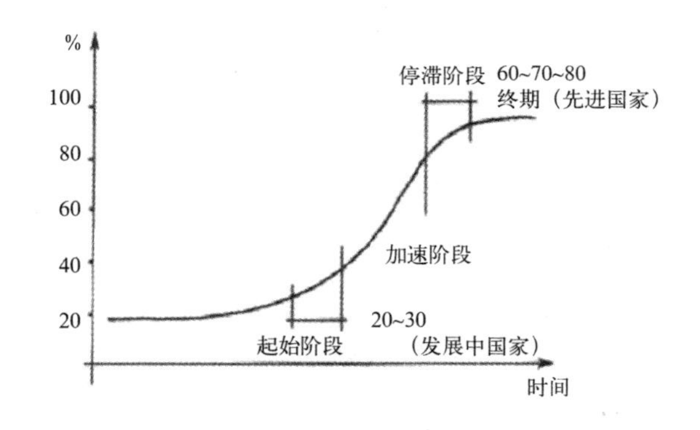

图 2–28　城镇化进程的"S"曲线

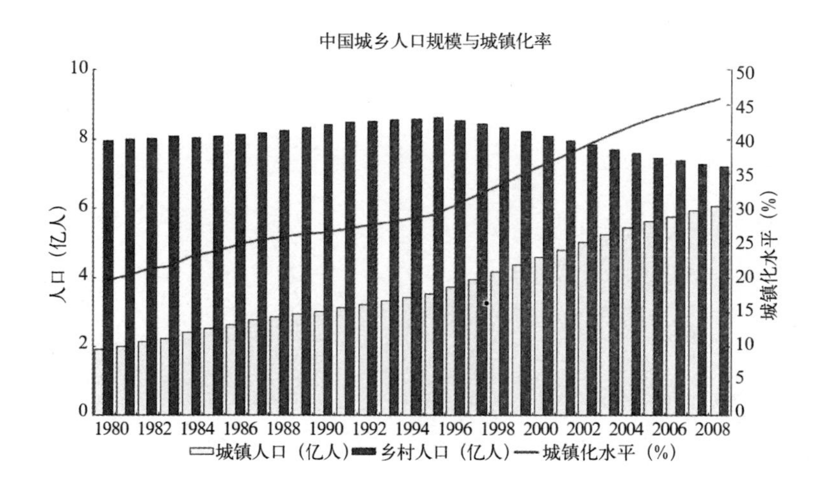

图 2–29　我国城镇化发展进程

2.5.2 新型城镇化

1. 什么是新型城镇化

新型城镇化就是建设城乡基础设施一体、公共服务均等、和谐互补的新型城镇，倡导绿色、节能、环保、集约的城镇建设与管理，营造生态宜居、集群高效的城镇生活服务体系。

新型城镇化是以城乡统筹、城乡一体、产城互动、节约集约、生态宜居、和谐发展为基本特征的城镇化；是大中小城市、小城镇、新型农村社区协调发展、互促共进的城镇化；是产业、人口、土地、社会、农村五位一体的城镇化。它的核心在于不以牺牲农业和粮食、生态和环境为代价，着眼农民，涵盖农村，实现城乡基础设施一体化和公共服务均等化，促进经济社会发展，实现共同富裕。

新型城镇化的"新"就是要由过去片面注重追求城市规模扩大、空间扩张，改变为以提升城市的文化、公共服务等内涵为中心，真正使我们的城镇成为具有较高品质的适宜人居之所。

2. 新型城镇化发展规划

2014 年 3 月 16 日，国务院发布《国家新型城镇化规划（2014—2020 年）》。该文件分规划背景、指导思想和发展目标、有序推进农业转移人口市民化、优化城镇化布局和形态、提高城市可持续发展能力、推动城乡发展一体化、改革完善城镇化发展体制机制、规划实施，共八篇，重大意义、发展现状、发展态势、指导思想、发展目标、推进符合条件农业转移人口落户城镇、推进农业转移人口享有城镇基本公共服务、建立健全农业转移人口市民化推进机制、优化提升东部地区城市群、培育发展中西部地区城市群、建立城市群发展协调机制、促进各类城市协调发展、强化综合交通运输网络支撑、强化城市产业就业支撑、优化城市空间结构和管理格局、提升城市基本公共服务水平、提高城市规划建设水平、推动新型城市建设、加强和创新城市社会治理、完善城乡发展一体化体制机制、加快农业现代化进程、建设社会主义新农村、推进人口管理制度改革、深化土地管理制度改革、创新城镇化资金保障机制、健全城镇住房制度、强化生态环境保护制度、加强组织协调、强化政策统筹、开展试点示范、健全监测评估等共三十一章。

本章小结

城市的形成与发展，经历了漫长的过程。本章首先界定了城市的概念与特征，然后介绍了城市的起源、古代城市、近现代城市，并介绍了城镇化的概念。从城市发展的历程中，详细论述了中西方城市在不同历史阶段的布局特征、典型代表。

当前世界城市人口已超过总人口的 50%，进入了城市时代。中国的城市化也进入了高速发展阶段，城市的数量和规模都出现了前所未有的扩张。只有正确认识城市发展的过去、现在和未来，选择正确的城市化道路，才能使中国城市发展走上一条理性、健康、可持续的道路。

拓展学习推荐书目

[1] 董鉴泓 . 中国城市建设史（第 3 版）[M]. 北京 : 中国建筑工业出版社，2007.
[2] 沈玉麟 . 外国城市建设史 [M]. 北京 : 中国建筑工业出版社，1989.
[3]（美）刘易斯·芒福德 . 城市发展史——起源演变和前景 [M]. 北京 : 中国建筑工业出版社，2005.

思考题

1. 我国城市规模的划分标准是什么？
2. 唐朝都城与北宋都城在规划布局上有哪些显著的差异？
3. 如何理解城镇化进程的 S 曲线？

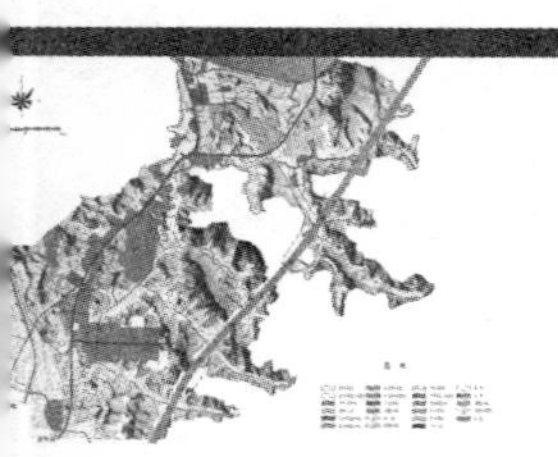

3 城市规划学科的产生与发展

3.1 古代城市规划实践

3.1.1 中国古代的城市规划

1. 先秦时期

在我国浩如烟海的古书典籍中，保留了大量关于如何修筑城市、营造房屋的论述。这些书总结了日常生产、生活的实践经验，其中经常以阴阳五行和堪舆学的方式出现。虽然至今尚未发现有专门论述规划和建设城市的中国古代著作，但有许多理论和学说散见于《周礼》、《管子》、《商君书》、《墨子》等政治、伦理和经史书籍中。

在中国历史上，大致于商代开始出现城市的雏形。商代早期建设的河南偃师商城，中期建设的位于今天郑州的商城、位于今天湖北的盘龙城以及位于今天安阳的殷墟等都城，都已有大量发掘的材料证明，商代人迷信占卜、崇尚鬼神，这直接影响了当时的城市空间布局。

中国中原地区在周代已经结束了游牧生活，经济、政治、科学技术和文化艺术都得到了较大的发展，这期间兴建了丰、镐两座京城。在修复建设洛邑城时，"如武王之意" 完全按照周礼的设想规划城市布局。召公和周公曾去相土勘测定址，进行了有目的、有计划、有步骤的城市建设，这是中国历史上第一次有明确记载的城市规划事件。

成书于春秋战国之际的《周礼·考工记》（图 3–1），记述了关于周代王城建设的空间布局模式："匠人营国，方九里，旁三门。国中九经九纬，经涂九轨。左祖右社，面朝后市。市朝一夫。" 同时，《周礼》中还记述了按照封建等级，不同级别的城市，如 "都"、"王城" 和 "诸侯城" 在用地面积、道路宽度、城门数目、城墙高度等方面的级别差异；还有关于城外的郊、田、林、牧地的相关关系的论述。城市建设的空间布局制度对中国古代城市规划实践活动产生了深远的影响。《周礼》反映了中国古代哲学思想开始进入都城建设规划的生产生活之中。这是中国古代城市规划思想最早形成的时代。

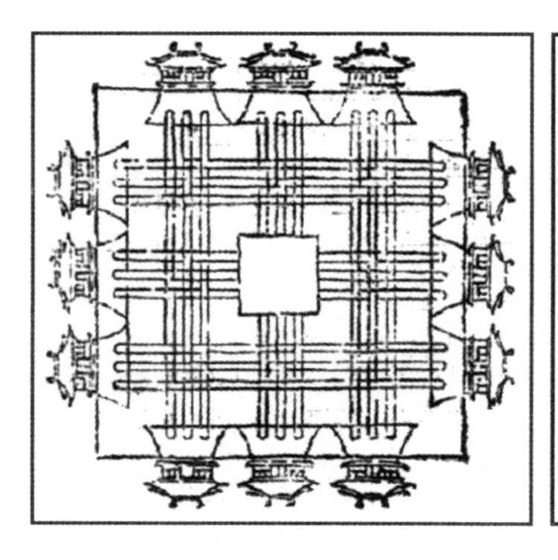

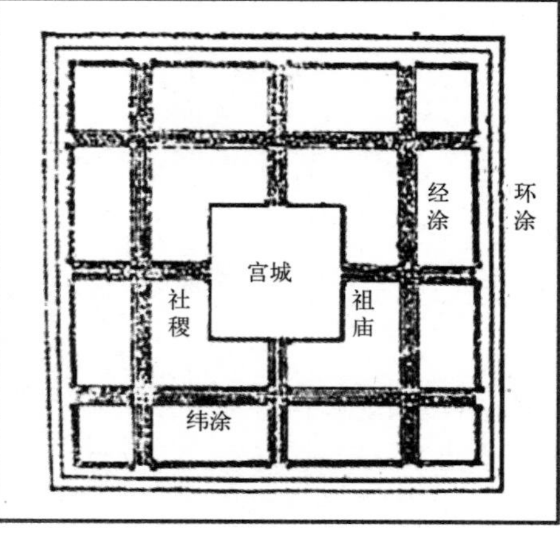

图 3–1 《周礼·考工记》记载古代王城规制

战国时代，各种思想百家争鸣，《周礼》的城市规划思想也受到了各方挑战，城市向多样化的布局模式发展，这丰富了中国古代城市规划的思想。除鲁国国都曲阜完全按周制建造外，其他诸侯国的国都在规划和修筑过程中，体现了各自不同的造城思想。例如在吴国国都规划和修建的过程中，伍子胥提出了"相土尝水，象天法地"的规划思想。他主持建造的阖闾大城，充分考虑江南水乡的特点：水网密布，交通便利，排水通畅，展示了水乡城市规划的高超技巧。越国的范蠡则按照《孙子兵法》为国都规划选址，建造了一大一小的两座城池，虚虚实实，体现了兵法的谋略。齐国都城临淄城的规划锐意革新、因地制宜，根据自然地形布局，南北向取直，东西向沿河道蜿蜒曲折，防洪排涝设施精巧实用，并与防御功能完美结合。济南城也打破了严格的对称格局，与水体和谐布局，城门的分布并不对称。赵国的国都建设则充分考虑北方的特点，高台建设，壮丽的视觉效果与城市的防御功能相得益彰。而古奄国的国都淹城（图 3–2），从里向外，由王城、王城河，内城、内城河，外城、外城河的三城三河相套组成，这种筑城形制在中国的城市建设史上，绝无仅有。城与河浑然一体，自然蜿蜒，利于防御。

在战国时期，非常普遍地形成了大小套城的都城布局模式，即城市居民居住在称之为"郭"的大城，统治者居住在称为"王城"的小城。列国的都城基本上都采取了这种布局模式，这反映了当时"筑城以卫君，造郭以守民"的社会要求。

战国时期这些丰富的城市规划布局创造，首先得益于不受一个集权帝王统治的制式规定，另外更重要的是出现了《管子》和《商君书》等论著，在思想上丰富了城市规划的创造。《管子》一书中，有关于居民点选址要求的记载："高勿近阜而水用足，低勿近水而沟防省"。认为"因天材，就地利，故城郭不必中规矩，道路不必中准绳"，从思想上完全打破了《周礼》单一模式的束缚。《管子》还认为，必须将土地开垦和城市建设统一协调起来，农业生产的发展是城市发展的前提。对于城市内部的空间布局，《管子》是中国古代城市规划思想发展史上一本具有革命性的著作，其意义在于打破了城市单一的周制布局模式，

图 3–2　古淹城遗址

从城市功能出发，确立了理性思维和与自然环境和谐的准则，对后世的影响极为深远。

战国时期的另一本重要著作《商君书》，则更多地从城乡关系、区域经济和交通布局的角度，对城市的发展以及城市管理制度等问题进行了阐述。《商君书》中论述了都邑道路、农田分配及山陵丘谷之间比例的合理分配问题，分析了粮食供给、人口增长与城市发展规模之间的关系，开创了我国古代区域与城市关系研究的先例。

2. 秦汉至隋唐时期

秦统一中国后，在城市规划思想上也曾尝试进行统一，并发展了"象天法地"的理念，即强调方位，以天体星象坐标为依据，布局灵活具体。秦国都城咸阳虽然宏大，却无统一规划和管理，城市建设贪大求快，导致了国力衰竭。由于秦王朝信神，其城市规划中的神秘主义色彩对中国古代城市规划思想影响深远。同时，秦代城市的建设规划实践中出现了不少复道、甬道等多重的城市交通系统，这在中国古代城市规划史中具有开创性的意义。

汉代国都长安的遗址发掘表明，其城市布局并不规则，没有贯穿全城的对称轴线，宫殿与居民区相互穿插，说明周礼制布局在汉朝并没有在国都规划实践中得到实现。王莽代汉取得政权后，受儒教的影响，在城市空间布局中导入祭坛、明堂、辟雍等大规模的礼制建筑，在国都洛邑的规划建设中有充分的表现。洛邑城空间规划布局为长方形，宫殿与市民居住生活区在空间上分隔，整个城市的南北中轴上分布了宫殿，强调了皇权，周礼制的规划思想理念得到全面的体现。

东汉末年曹魏的邺城，已经采用城市功能分区的布局方法。邺城的规划继承了战国时期以宫城为中心的规划思想，改进了汉长安布局松散、宫城与坊里混杂的状况。邺城功能分区明确，结构严谨，城市交通干道轴线与城门对齐，道路分级明确。它的规划布局对此后的隋唐长安城的规划，以及中国古代城市规划思想的发展产生了重要影响。

三国期间，吴国国都原位于今天的镇江，后迁都，选址于金陵（今南京）。金陵城市用地依自然地势发展，以石头山、长江险要为界，依托玄武湖防御，皇宫位于城市南北的中轴上，重要建筑以此对称布局。"形胜"是对周礼制城市空间规划思想的重要发展，金陵是周礼制城市规划思想与自然结合理念思想综合的典范。

南北朝时期，东汉时传入中国的佛教和先秦时本土产生的道教空前发展，并影响了中国古代城市规划思想，突破了儒教礼制中城市空间布局理论一统天下的格局。具体有两方面的影响：一方面城市布局中出现了大量宗庙和道观，城市的外围出现了石窟，拓展和丰富了城市空间理念；另一方面城市的空间布局强调整体环境观念，强调形胜观念，强调城市人工和自然环境的整体和谐，强调城市的信仰和文化功能。

隋初建造的大兴城（长安）汲取了曹魏邺城的经验并有所发展。除了城市空间规划的严谨外，还规划了城市建设的时序：先建城墙，后辟干道，再造居民区的里坊。

唐都城长安的建造（详见本书第 2 章），先测量定位，后筑城墙、埋管道、修道路、划定坊里。整个城市布局严整，道路系统、里坊、市肆的位置体现了中轴线对称的布局，有些方面如旁三门、左祖右社等体现了周代王城的体制，坊里制得到进一步发展，坊中巷的布局模式以及与城市道路的连接方式都相当成熟。

3. 宋以后

五代后周世宗柴荣在显德二年（公元 955 年）关于改建、扩建东京（汴梁）而发布的诏书是中国古代关于城市建设的一份杰出文件。它分析了城市在发展中出现的矛盾，论述了城市改建和扩建要解决的问题：城市人口及商旅不断增加，旅店货栈出现不足，居住拥挤，道路狭窄泥泞，城市环境不卫生，易发生火灾等，并提出了改建、扩建的规划措施，如扩建外城，将城市用地扩大四倍，规定道路宽度，设立消防设施，并且提出了规划的实施步骤等。此诏书为中国古代“城市规划和管理问题”的研究提供了代表性文献。

北宋都城东京的扩建（详见本书第 2 章），按照周世宗的诏书，进行有规划的城市扩建，这为中国古代城市扩建问题研究提供了代表性案例。随着商品经济的发展，从宋代开始，中国城市建设中延续了上千年的坊里制度逐渐被废除，开始出现了开放的街巷制度。这种街巷制成为中国古代后期城市规划布局与前期城市规划布局区别的基本特征，反映了中国古代城市规划思想重要的发展。

到了元代，中国历史上出现了另一个全部按城市规划修建的都城——大都。城市布局更强调中轴线对称，在很多方面体现了《周礼·考工记》上记载的王城的空间布局制度。同时，城市规划又结合了当时的经济、政治和文化发展的要求，并反映了元大都选址的地形地貌特点。明清北京城的规划建设则是在元大都的基础上完成的（详见本书第 2 章）。

在都城的营建形制之外，由于中国古代民居多以家族聚居，并多采用木结构的低层院落式住宅，这对城市的布局形态影响极大。院落式的建筑群要分清主次尊卑，从而产生了中轴线对称的布局手法。这种南北向中轴对称的空间布局方式由住宅组合扩大到大型的公共建筑群，再扩大到整个城市。这表明中国古代的城市规划思想受到占统治地位的儒家思想的深刻影响。就其思想的本质，即是想通过建筑乃至整个城市的布局来体现“礼”，最终达到儒家所倡导的“以礼治天下”的社会理想。

除了以上代表中国古代城市规划的、受儒家社会等级和社会秩序而产生的严谨、中心轴线对称规划布局外，中国古代的城市规划和建设中，大量可见的是反映“天人合一”道家思想的规划理念，反映风水堪舆的筑城思想，体现的是人与自然和谐共存的观念。大量的城市规划布局中，充分考虑当地的地形、地貌、水文、地质等因素，城墙不一定是方的，轴线不一定是直的，自由的外在形式包涵着深刻的哲理。

中国古代城市规划强调整体观念和长远发展，强调人工环境与自然环境的和谐，强调严格的等级秩序。这些理念在中国古代的城市规划和建设实践中得到了充分的体现，同时也影响了日本、朝鲜等东亚国家的城市建设实践。

3.1.2 西方古代的城市规划

公元前500年的古希腊城邦时期，提出了城市建设的希波丹姆(Hippodamus，古希腊建筑师）模式，这种城市布局模式以方格网的道路系统为骨架，以城市广场为中心。广场是市民集聚的空间，城市以广场为中心，其核心思想反映了古希腊时期的市民民主文化。因此，古希腊的方格网道路城市从指导思想方面与古埃及和古印度的方格网道路城市存在明显差异。希波丹姆模式寻求几何图像与数之间的和谐与秩序的美，这一模式在希波丹姆规划的米列都城（Miletus）得到了完整地体现。

公元前的300年间，罗马几乎征服了全部地中海地区，在被征服的地方建造了大量的营寨城。营寨城有一定的规划模式，平面呈方形或长方形，中间十字形街道，通向东、南、西、北四个城门，在南北道路和东西道路的交点附近，是露天剧场、斗兽场和官邸建筑群形成的中心广场。古罗马营寨城的规划思想深受军事控制目的影响，其目的是为了在被占领地区的市民心中确立臣服于罗马的意识认同。

公元前1世纪古罗马建筑师维特鲁威（Vitruvius）的著作《建筑十书》，是西方古代保留至今唯一最完整的古典建筑典籍。该书在第一卷《建筑师的教育，城市规划与建筑设计的基本原理》和第五卷《其他公共建筑物》中提出了不少关于城市规划、建筑工程、市政建设等方面的论述。

在中世纪时期，欧洲的城市多为自发形成，很少有按规划建造的。由于战争频繁，城市的设防要求提到很高的地位，产生了一些以城市防御为出发点的规划模式。

到了14～16世纪，封建社会内部产生了资本主义萌芽，新生的城市资产阶级势力不断壮大，在一些城市中占了统治地位，这种阶级力量的变化反映在文化上就是文艺复兴。许多中世纪的城市，不能适应这种生产及生活发展变化的要求而进行了改建，改建往往集中在一些局部地段，如广场建筑群。当时意大利的社会变化较早，因而城市建设也较其他地区发达，威尼斯的圣马可广场（图3–3）是其代表，它成功地运用了不同体形和大小的建筑物和场地，巧妙地配合地形，组成具有高度建筑艺术水平的建筑组群。

16～17世纪，欧洲的国王们与资产阶级新贵族联合反对封建割据及教会势力，先后建立了君权专制的国家，它们的首都，如巴黎，伦敦、柏林，维也纳等，均发展成为政治、经济、文化中心型的大城市。新兴资产阶级的雄厚实力，使这些城市的改建扩建规模超过以前任何时期。其中以巴黎的改建规划影响最大。巴黎是当时欧洲的生活中心，路易十四在巴黎城郊建造凡尔赛宫，并

图 3–3 威尼斯圣马可广场（左）
图 3–4 巴黎凡尔赛宫（右）

且改建了附近整个地区。凡尔赛的总平面采用轴线对称放射的形式（图 3–4），这种形式对建筑艺术、城市设计及园林均有很大的影响，成为当时城市建设模仿的对象。但究其设计思想及理论内涵，仍然从属于古典建筑艺术，未形成近代的规划学理论。

3.1.3 其他古代文明的城市规划思想

世界其他地方古代文明也有各自的城市规划思想和实践。

大约公元前 3000 年前后，已经出现小亚细亚的耶立科（Jericho）、古埃及的赫拉考波立斯（Hierakonpolis）、波斯的苏达（Suda）等古文明地区的城市。在公元前 4000 年至公元前 2500 年的 1500 年间，世界人口数量增加了一倍，城市数量也成倍增长。已掌握的考古资料表明这些城市主要分布在北纬 20° ～ 40° 之间，且绝大部分选址于大河交汇处或者入海口。

美索不达米亚平原位于幼发拉底河与底格里斯河之间，当地居民信奉多神教，建立了奴隶制政权，创造出灿烂的古代文明。古代两河流域的城市建设充分体现了其城市规划思想，比较著名的有波尔西巴（Borsippa）、乌尔（Ur）以及新巴比伦城（Babylon）。

波尔西巴建于公元前 3500 年，空间特点是南北向布局，主要考虑当地南北向良好的通风：城市四周有城墙和护城河，城市中心有一个"神圣城区"，王宫布置在北端，三面临水，住宅庭院则杂混布置在居住区。乌尔的建城时间约在公元前 2500 年到公元前 2100 年。该城平面呈卵形，建有城墙和城壕，王宫、庙宇以及贵族僧侣的府邸位于城市北部的夯土高台上，与普通平民和奴隶的居住区间有高墙分隔。夯土高台共 7 层，中心最高处为神堂，之下有宫殿，衙署，商铺和作坊，城内还有大量耕地。

波尔西巴和乌尔具有非常相似的土地用途分类以及由于土地利用形成的道路系统，但两个城市的建设时间相差近 1000 年，这期间社会经济有了很大的发展变化，波尔西巴城有独立的贵族区，而乌尔城由于农业文明的发展，城市用地出现了农田与居民点的混合分布。

巴比伦城始建于公元前 3000 年，作为巴比伦王国的首都，公元前 689 年被亚述王国所毁，随后亚述王国也于公元前 650 年灭亡。新巴比伦王国重建了巴比伦城，并成为当时西亚的商业和文化中心。新巴比伦城横跨幼发拉底河东西两岸，平面呈长方形，东西约 3km，南北约 2km，设 9 个城门。城内有均匀分布的大道，主大道为南北向，其西侧布置了圣地。圣地的南面是神庙，神像在中轴线的尽端，神庙面朝夏至日的日出方向。城中为国王和王后修建的“空中花园”位于 20 多米的高处，通过特殊装置用幼发拉底河水浇灌，被后人称为世界七大奇迹之一。

在古埃及，英霍特（Imhote）可以被称作是第一位城市规划师。公元前 2800 年，他受埃及法老之命规划了孟菲斯（Memphis）城市的总图。据说他以死城撒卡拉（Sakkarah）的映象规划了作为生命载体的孟菲斯城的布局，这反映了古埃及文明时期，城市规划思想受到对自然力神秘崇拜的深刻影响。

3.2 现代城市规划理论

3.2.1 现代城市规划理论的萌芽

近代工业革命给城市带来了巨大的变化，创造了前所未有的财富，同时也给城市带来了种种日益尖锐的矛盾，诸如居住拥挤、环境质量恶化、交通拥挤等，危害了劳动人民的生活，也妨碍了资产阶级自身的利益。因此从全社会的需要出发，提出了如何解决这些矛盾的城市规划理论。资本主义早期的空想社会主义者、各种社会改良主义者及一些从事城市建设的实际工作者和学者提出了种种设想。到 19 世纪末 20 世纪初，开始形成有特定的研究对象、范围和系统的现代城市规划学。

1. 乌托邦（Utopia）

乌托邦是英国人文主义者托马斯·莫尔（Thomas More，1477—1535）在 16 世纪时提出的。当时资本主义尚处于萌芽时期，针对资本主义城市与乡村的脱离和对立，私有制和土地投机等所造成的种种矛盾，莫尔设计的乌托邦中有五十个城市，城市与城市之间最远一天能到达。城市规模受到控制，以免城市与乡村脱离。每户有一半人在乡村工作，住满两年轮换。街道宽度定为 200 英尺（比当时的街道要宽），城市通风良好，住户门不上锁，以废弃财产私有的观念。生产的东西放在公共仓库中，每户按需要领取，设公共食堂、公共医院。以莫尔为代表的空想社会主义在一定程度上揭露了资本主义城市矛盾的实质，但他们实际代表了封建社会小生产者，由于新兴资本主义对他们的威胁引起畏惧心理及反抗，所以企图倒退到小生产的旧路上去。乌托邦对后来的城市规划理论有一定影响。

2. 空想社会主义城市

资本主义制度形成之后，逐步暴露出种种矛盾，其时有一些空想社会主义者，针对当时已产生的社会弊病，提出了种种社会改良的设想。罗伯特·欧文（Robert Owen，1771—1858）是英国 19 世纪初有影响的空想社会主义者。他提出解决生产的私有性与消费的社会性之间的矛盾的方式是“劳动交换银行”及“农业合作社”，主张建立的“新协和村（New

Harmony)"，居住人口 500 ~ 1500 人，有公用厨房及幼儿园。住房附近有用机器生产的作坊，村外有耕地及牧场，必需品由本村生产，集中于公共仓库，统一分配。

在资本主义由巩固到发展的时期，城市的矛盾更加突出。这时的空想社会主义者提出了很多社会改良方案。他们并不反对资本主义方式，也不想倒退到小生产去，而是提出一些超阶级的主观空想。傅立叶(Charles Fourier，1772—1837）的理想社会是以生产者联合会为单位，由 1500 ~ 2000 人组成的公社，生产与消费结合，不是家庭小生产，而是有组织的大生产。通过公共生活的组织，减少非生产性家务劳动，以提高社会生产力。

这些空想社会主义的设想和理论学说，把城市当作一个社会经济的范畴，更努力地为适应新的生活而改变，这显然比那些把城市和建筑停留在造型艺术的观点要更深刻。他们的一些理论，也成为以后的田园城市、卫星城市等规划理论的渊源。他们的追随者也不断地提出新观点和新思想，在各地建立的各种形式的"公社"，至今仍有存在和发展。

3.2.2 田园城市（Garden City）理论

1898 年英国人霍华德（Ebenezer Howard）提出了"田园城市"的理论。他在著作《明天，一条引向真正改革的和平道路》中，希望彻底改良资本主义的城市形式，指出了工业化条件下存在着城市与适宜的居住条件之间的矛盾、大城市与自然隔离的矛盾。霍华德认为，城市无限制发展与城市土地投机是资本主义城市灾难的根源，建议限制城市的自发膨胀，并使城市土地属于这一城市的统一机构。

他认为，城市人口过于集中是由城市吸引人口的"磁性"所致，如果把这些磁性进行有意识地移植和控制，城市就不会盲目膨胀；如果将城市土地统一归城市机构，就会消灭土地投机，而土地升值所获得的利润，应该归城市机构支配。他为了吸引资本实现其理论还声称，城市土地也可以由一个产业资本家或大地主所有。霍华德指出"城市应与乡村结合"。他以一个"田园城市"的规划图解方案（图 3–5）更具体地阐述其理论：城市人口 30000 人，规划由一系列同心圆组成。有 6 条大道由圆心放射出去，中央是一个占地 20 公顷的公园。沿公园也可建公共建筑物，其中包括市政厅、音乐厅兼会堂、剧院、图书馆、医院等，它们的外面是一圈占地 58 公顷的公园，公园外围是一些商店，商品展览馆，再外圈为住宅，再外面为宽 128m 的林荫道，大道当中为学校，儿童游戏场及教堂，大道另一面又是花园式住宅。城市外围的土地为永久性绿地，供农牧产业用。

霍华德除了在城市空间布局上进行了大量的探讨外，还用了大量篇幅研究城市经济问题，提出了一整套城市经济财政改革方案。他认为城市经费可从房租中获得。他还认为城市是会发展的，当其发展到规定人口时，便可在离它

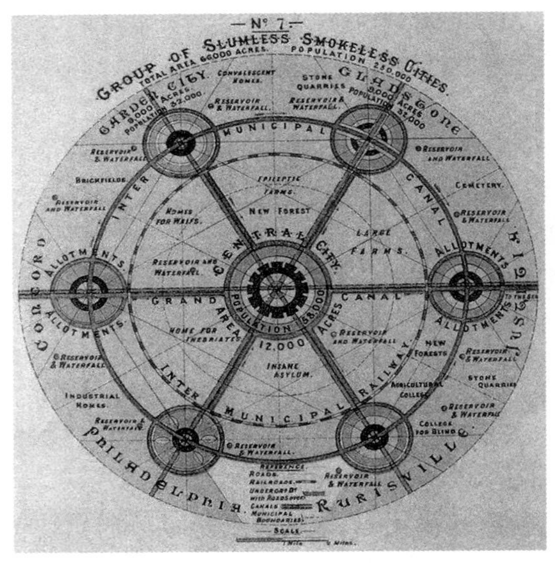

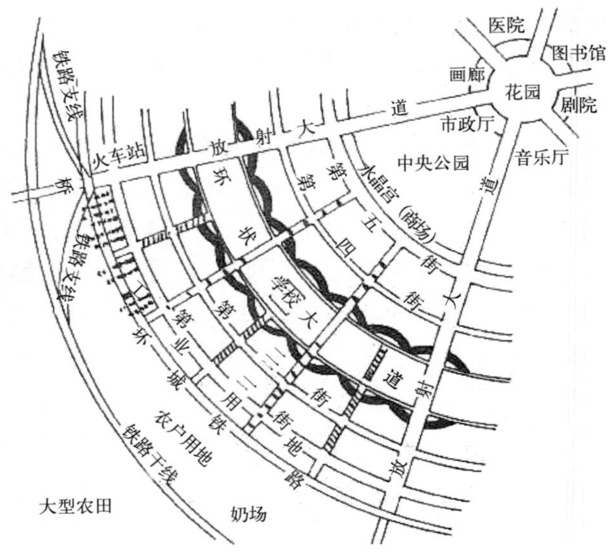

图 3-5　霍华德的田园城市模型

不远的地方另建一个相同的城市。他强调要在城市周围永久保留一定绿地的原则。霍华德的书在1898年出版时并没有引起社会的广泛关注。1902年他又以《明日的田园城市》（Garden City of Tomorrow）为名再版该书，迅速引起了欧美各国的普遍注意，影响极为广泛。

霍华德的理论比欧文等人的空想进了一大步。他把城市当作一个整体来研究，联系城乡的关系，提出适应现代工业的城市规划问题，对人口密度、城市经济、城市绿化的重要性问题等都提出了见解，对城市规划学科的建立起了重要的作用，今天的规划界一般都把霍华德的“田园城市”方案的提出作为现代城市规划的开端。

霍华德提出的“田园城市”与一般意义上的花园城市有着本质上的区别。一般的花园城市是指在城市中增添了一些花坛和绿地，而霍华德所说的“Garden”是指城市周边的农田和园地，通过这些田园限制了城市用地的无限扩张。

霍华德的这一理论受到了广泛关注，并在英国出现了两类以“田园城市”为名的建设试验，一类是房地产公司经营的、位于市郊的、以“花园城市”为名、以中小资产阶级为对象的大型住区；另一类是根据霍华德的“田园城市”思想进行的试点，例如始建于1902年的莱切沃斯（Letchworth），位于伦敦东北64km。但是到1917年时，莱切沃斯的人口才18000人，与霍华德的理想相距甚远。

20世纪50年代，美国西部的一批高度“田园化”的新兴城市，如洛杉矶、菲尼克斯、图森等，已完全不顾及城市的密度，“大马路 + 独幢住宅 + 花园”的扩张模式，使整个城市如同郊区，以致没有一个明确的市中心概念，中小商业纷纷败落，小汽车成为城市主宰。这样的城市因其在土地及能源上的高耗费而招致社会各界炮轰，主张城市紧凑发展的呼吁日益强烈。

3.2.3 卫星城镇规划的理论和实践

20 世纪初，大城市的恶性膨胀，使如何控制及疏散大城市人口成为突出问题。霍华德的“田园城市”理论由他的追随者昂温（Unwin）进一步发展，提出在大城市的外围建立卫星城市，以疏散人口控制大城市规模的理论。同时期美国规划建筑师惠依顿也提出，在大城市周围用绿地围起来限制其发展，在绿地之外建立卫星城镇，并和大城市保持一定联系。

1912 ～ 1920 年，巴黎制定了郊区的居住建设规划，打算在离巴黎 16km 的范围内建立 28 座居住城市，这些城市除了居住建筑外，缺少必需的生活服务设施，居民的生产工作及文化生活上的需要尚需去巴黎解决。一般称这种城镇为“卧城”。1918 年，芬兰建筑师伊利尔 · 沙里宁（Eliel Saarinen）与荣格（Bertel Jung）受一私人开发商的委托，在赫尔辛基新区明克尼米－哈格（Munkkiniemi-Haaga）提出一个 17 万人口的扩张方案。沙里宁的方案主张在赫尔辛基附近建立一些半独立城镇，以控制其进一步扩张。这类卫星城镇不同于“卧城”，除了居住建筑外，还设有一定数量的工厂、企业和服务设施，使一部分居民就地工作，另一部分居民仍去母城工作。由于该方案远远超出了当时财政经济和政治处理能力，缺乏政治经济的背景分析和考虑，最后只有一小部分得以实施。

不论是“卧城”还是半独立的卫星城镇，对疏散大城市的人口方面并无显著效果，所以不少人又进一步探讨大城市合理的发展方式。1928 年编制的大伦敦规划方案中，采用在外围建立卫星城镇的方式，并且提出大城市的人口疏散应该从大城市地区的工业及人口分布的规划着手。这样，建立卫星城镇的思想开始和地区的区域规划联系在一起。

第二次世界大战中，欧洲不少城市受到不同程度破坏。在城市的重建规划时，郊区普遍地新建了一些卫星城市。英国在这方面做了很多工作，由阿伯克隆比（Patrick Abercrombie）主持的大伦敦规划，主要是采取在外围建设卫星城镇的方式，计划将伦敦中心区人口减少 60%，这些卫星城镇独立性较强，城内有必要的生活服务设施，并且还有一定的工业，居民的工作及日常生活基本上可以就地解决。因此从功能上来看，这类卫星城镇是基本独立的。

卫星城镇的发展历史，由卧城到半独立的卫星城，到基本独立的新城，其规模逐渐趋向由小到大。英国在 20 世纪 40 年代的卫星城，人口在 5 ～ 8 万人之间，20 世纪 60 年代后的卫星城，规模已扩大到 25 ～ 40 万人。目前英国已有这样的卫星城镇 40 多个。

3.2.4 勒 · 柯布西耶的“明日城市”

法国人勒 · 柯布西耶（Le Corbusier）在《明日之城市》一书，主张关于城市改造的四个原则是：减少市中心的拥堵、提高市中心的密度、增加交通运输的方式、增加城市的植被绿化。基于这些最基本的原则，柯布西耶以巴黎市中心为实例进行了 300 万人的“现代城市”的规划设计。

柯布西耶的理论面对大城市发展的现实，承认现代化的技术力量。他认为，大城市的主要问题是城市中心区人口密度过大；城市中机动交通日益发达，数量增多，速度提高，但是现有的城市道路系统及规划方式与这种要求产生矛盾；城市中绿地空地太少，日照通风、游憩、运动条件太差。因此要从规划着眼，以技术为手段，改善城市的有限空间，以适应这种情况。他主张提高城市中心区的建筑高度，向高层发展，增加人口密度。

柯布西耶认为，交通问题的产生是由于车辆增多，而道路面积有限，交通愈近市中心愈集中，而城市因为是由内向外发展，愈近市中心道路愈窄。他主张市中心空地、绿化要多，并增加道路宽度和停车场以及车辆与住宅的直接联系，减少街道交叉口或组织分层的立体交通。按照这些理论，他在1922年提出的巴黎建筑规划方案中，将城市总平面规划为由直线道路组成的道路网，城市路网由方格对称构成，几何形体的天际线，标准的行列式空间的城市。城市分为三区，市中心区为商业区及行政中心，全部建成60层的高楼，工业区与居住区有方便的联系，街道按交通性质分类。改变沿街建造的密集式街道，增加街道宽度及建筑的间距，增加空地、绿地，改善居住建筑形式，增加居民与绿地的直接联系。

柯布西耶在城市规划理念上，也从城市的功能性和工业化时代来考虑重新组织城市的结构。他以"明日城市"为代表的城市观，经常被作为霍华德田园城市理论的对立面，但实际上两者有很多的相似之处。比如都带有一定的理想主义，都具有改造社会的使命感，希望能通过改造城市来改善人们的居住环境，都认识到绿地环境和交通对城市的重要性。两个理论的根本差异在于对大城市的肯定与否。柯布西耶的方案是建设或改造大城市，而霍华德的方案则是建设小城市群。

3.2.5 邻里单位和小区规划

20世纪30年代，在美国和欧洲先后出现了一种"邻里单位（Neighbourhood Unit）"的居住区规划思想，它与过去将住宅区的结构从属于道路划分方格的那种形式不同。旧的方格路网的方格很小，方格内居住人口不多，难于设置足够的公共设施。儿童上学及居民购买日常的必需品，必须穿越城市道路。在以往机动交通不太发达的情况下，尚未感到太多的不方便。20世纪20年代后，城市道路上的机动交通日益增长，交通量和速度都大幅增大，对行人的威胁加剧，而且过多的交叉口降低了城市道路的通行能力。另外，旧的住宅布置方式，大都是围绕道路形成周边和内天井的形式，结果住宅的朝向不好，建筑密集。机动车交通发达后，沿街居住也变得非常不安宁。

"邻里单位"思想要求在较大的范围内统一规划居住区，使每一个"邻里单位"成为组成居住区的细胞。开始时，首先考虑的是幼儿上学不要穿越交通干道，邻里单位内要设置小学，以此决定并控制邻里单位的规模。后来也考虑在邻里单位内部设置一些为居民服务的、日常使用的公共建筑及设施，使邻里单位内部和外部的道路有一定的分工，防止外部交通在邻里单位内部穿越。

“邻里单位”思想还提出在同一邻里单位内安排不同阶层的居民居住，设置一定的公共建筑。这些也与当时资产阶级搞阶级调和和社会改良主义的意图相呼应。

“邻里单位”理论在英国及欧美一些国家盛行，而且也按这种方式建造了一些居住区。这种思想适应了现代城市因机动交通发展带来的规划结构上的变化，把居住的安静、朝向、卫生、安全放在重要的地位，因此对以后的居住区规划影响很大。

第二次世界大战后，在欧洲一些城市的重建和卫星城市的规划建设中，“邻里单位”思想更进一步得到应用、推广，并且在它的基础上发展成为“小区规划”的理论。这一理论试图把小区作为一个居住区构成的细胞，将其规模扩大，不限于以一个小学的规模来控制，也不仅是由一般的城市道路来划分，而趋向于由交通干道或其他天然或人工的界线（如铁路、河流等）为界。在这个范围内，把居住建筑、公共建筑、绿地等予以综合解决，使小区内部的道路系统与四周的城市干道有明显的区分。公共建筑的项目及规模，不仅应考虑到日常必需品的供应，也包括一般的生活服务需要。不仅是日常必需品的供应，一般的生活服务都可以在小区内解决。我国目前城市所建的居住小区，大多有“邻里单位”思想的痕迹。

3.2.6 工业城市与带形城市

1. 工业城市——近现代产业对城市形态的影响

在以往传统农业社会的城市中，居住、宗教、公共活动以及手工业几乎组成了社会活动的全部；工业革命之后，以工厂为代表的大机器生产模式成为城市经济与城市社会活动的重要内容，居住与工作场所的分离取代了以家庭作坊为代表的生产方式，随之而来的是这种新型生产方式对城市空间的需求，乃至对城市形态整体的巨大影响。19 世纪末，相应出现了“工业城市”理论。

法国青年建筑师嘎涅（Tony Garnier）于 1901 年发表了“工业城市”规划方案，成为解决旧有城市结构与新生产方式之间矛盾、顺应时代发展的一个途径。在工业城市方案中，规划人口 3.5 万人，工业用地成为占据很大比例的独立地区，与居住区相呼应，工业区与居住区之间用绿地进行分割，除利用铁路相互联结外，还留有各自扩展的可能。工业用地位于临近港口的河边，并有铁路直接到达；居住区呈线型与工业区相互垂直布置，中心设有集会厅、博物馆、图书馆、剧院等公共建筑；医院、疗养院等独立设置在城市外面。

2. 带形城市

1882 年西班牙工程师索里亚（Arturo Soria）提出“带形城市”（Linear City）理论。反对城市同心扩展，建议城市发展应该依据交通运输线带状延伸。城市应有一条宽阔的脊椎道路，铺设各种地下工程管线，城市宽度限制而长度无限。1882 年索里亚在西班牙马德里外围建设了一个 4.8km 长的“带形城市”。后于 19 世纪 90 年代又在马德里周围规划了一个未建成的长 58km 的马蹄状“带形城市"。

带形城市理论对以后的城市分散主义思想有一定的影响。20 世纪 40 年代，现代派建筑师西尔贝赛默等人提出的带形工业城市理论就是这个理论的发展。

3.2.7 有机疏散理论

芬兰学者伊利尔·沙里宁（Eliel Saarinen）针对大城市过分膨胀所带来的各种弊病，提出的城市规划中疏导大城市的理念，是城市分散发展理论的一种。他在 1943 年出版的著作《城市：它的发展、衰败和未来（The City–Its Growth, Its Decay, Its Future)》中对其进行了详细的阐述，并从土地产权、土地价格、城市立法等方面论述了有机疏散理论的必要性和可能性。

有机疏散的思想，并不是一个具体的或技术性的指导方案，而是对城市的发展带有哲理性的思考。它是在吸取了前些时期和同时代城市规划学者的理论和实践经验的基础上，在对欧洲、美国一些城市发展中的问题进行调查研究与思考后得出的结果。

有机疏散与功能分区概念并不相同，前者是将集中的功能分散建设在不同区域，而后者是不同功能分区集中建设。1918 年沙里宁打造了大赫尔辛基规划（图 3–6），突出反映了城市有机疏散理论的思想。

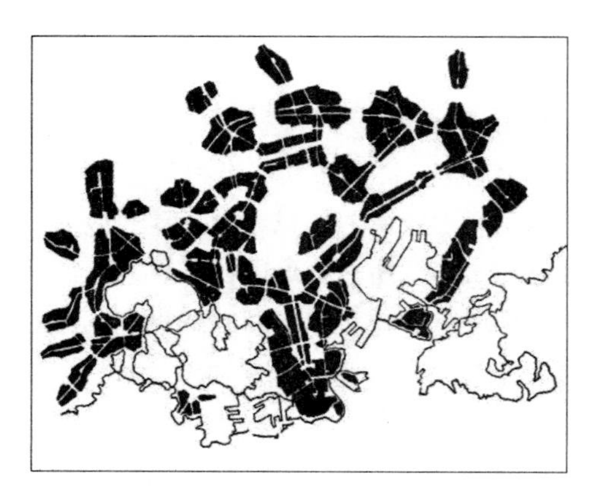

图 3–6 沙里宁的大赫尔辛基规划

3.2.8 近现代规划史上的三个宪章

1. 雅典宪章

成立于 1928 年的国际现代建筑协会（CIAM）1933 年在雅典开会，中心议题是城市规划，并制定了一个《城市规划大纲》（后简称《大纲》），这个大纲后来被称为《雅典宪章》。《大纲》集中地反映了当时"现代建筑"学派的观点，提出城市要与其周围影响地区作为一个整体来研究，指出城市规划的目的是解决居住、工作、游憩与交通四大城市功能的正常进行。

《大纲》认为，居住的主要问题是：人口密度过大，缺乏敞地及绿化；太靠近工业区，生活环境不卫生；房屋沿街建造影响居住安静；公共服务设施太少而且分布不合理。《大纲》建议居住区要用城市中最好的地段，规定城市中不同地段采用不同的人口密度。

工作的主要问题是：工作地点在城市中无计划地布置，与居住区距离过远。从居住地点到工作的场所距离很远，造成交通拥挤，有害身心，时间和经济都受损失。《大纲》建议有计划地确定工业与居住的关系。

游憩的主要问题是：大城市缺乏开敞空间，城市绿地面积少，而且位置不适中，无益于市区居住条件的改善。《大纲》建议新建居住区要多保留空地，旧区已坏的建筑物拆除后应辟为绿地，降低旧区的人口密度，在市郊要保留良好的风景地带。

交通的主要问题是：城市道路宽度不够，交叉口过多，未能按功能进行分类。《大纲》认为局部的放宽改造道路并不能解决问题，应从整个道路系统的规划入手；街道要进行功能分类，车辆的行驶速度是道路功能分类的依据；要按照调查统计的交通资料来确定道路的宽度。

《大纲》中提出的种种城市发展中的问题，论点和建议很有价值，对于局部地解决城市中一些矛盾也起过一定的作用，一些基本论点成为近代规划学科的重要内容，至今还有着深远的影响。

2. 马丘比丘宪章

1977 年 12 月，一批建筑师在秘鲁的利马集会，对《雅典宪章》40 多年的实践作了评价，认为实践证明《雅典宪章》提出的很多原则是正确的，而且将继续起作用。但是也指出把小汽车作为主要交通工具和制定交通流量依据的政策，应改为使私人车辆服从于公共客运系统的发展；要注意在发展交通与能源危机之间取得平衡。《雅典宪章》提出的将城市划分成不同的功能分区，但实践证明追求功能分区却牺牲了城市的有机组织，忽略城市中人与人之间多方面的联系，城市规划应努力去创造一个综合的、多功能的生活环境。这次集会后发表的《马丘比丘宪章》还提出了城市急剧发展中如何更有效地使用人力、土地和资源，如何解决城市与周围地区的关系，提出生活环境与自然环境的和谐问题。

《马丘比丘宪章》并不是对《雅典宪章》的完全否定，而是对它的批判、继承和发展。

3. 北京宪章

1999 年 6 月 23 日，国际建协第 20 届世界建筑师大会在北京召开，通过了《北京宪章》。《北京宪章》总结了百年来建筑发展的历程，并在剖析和整合 20 世纪的历史与现实、理论与实践、成就与问题以及各种新思路和新观点的基础上，展望了 21 世纪建筑学的前进方向。

与上述两个宪章所不同，《北京宪章》并不是专门针对城市规划问题所提出的，它提出了当前建筑学面临的问题，包括大自然的报复、混乱的城市化、技术的双刃剑及建筑魂的失落，也提出了我们面临的共同选择——可持续发展，未来必须在生态观、经济观、科技观、社会观和文化观上重新思考建筑学。《北京宪章》倡导的广义建筑学是城市规划学、建筑学、风景园林学的综合，强调技术和人文的相互结合，并根据人类社会的不同特征，注意技术多层次的运用；注意文化的多元性，创造整体的环境艺术等。

3.3 当代城市规划技术

当代城市规划技术，是指那些利用最新的现代化科技手段对城市规划所涉及的海量的、实时变动的、相互影响的数据进行研究和处理，并用于城市规划的科学技术。

数字城市规划（Digital Urban Planning）是传统城市规划理论与方法和现代信息技术相结合，在实践中逐步形成的城市规划数量化理论和方法。数字城市规划技术（Digital Urban Planning Technology）涵盖了地理信息技术（3S）、计算机辅助设计（CAD）、虚拟现实（VR）以及大数据等技术。而且，随着计算机技术的不断发展，现代城市规划的技术也在不断进步。

数字城市规划理论和技术方法的发展，使城市规划从单目标静态传统的模式向多目标、动态、智能化的模式发展。数字城市规划的应用，不仅可以提高规划技术人员的规划技术水平与效率，更重要的是使城市规划更加科学、合理和完善。

3.3.1 3S 技术

3S 技术是地理信息系统（GIS）、遥感（RS）和全球定位系统（GPS）三个名称的英文缩写，3S 是这三项相互独立而在应用上又密切关联的高新技术的简略统称。3S 技术的集成是当前测绘技术、摄影测量和遥感技术、地图制图技术、图形图像技术、地理信息技术、专家系统和定位技术及数据通信技术的结合与综合应用。

地理信息系统（GIS）是在计算机软件和硬件支持下以一定格式输入、存储、检索、显示和综合分析应用的技术系统。是综合处理与分析多源时空数据的理想平台。是空间信息的“管家”，也是我们进行数字化城市规划的地理基础平台，常见的软件如 Eris 公司的 ArcGIS，北京超图公司的 SuperMap 等。

全球定位系统（GPS）起始于 1958 年美国军方的一个项目，1964 年投入使用，到目前为止已经形成了由 24 颗卫星组成的定位系统，它可以向全球各地全天候地提供三维位置、三维速度等信息，而目前 GPS 技术广泛应用于测绘，导航等工业与民用生产生活领域。此外，俄罗斯的 Glonass（格洛纳斯）、中国的 Compass（北斗）和欧洲的 Galileo（伽利略）等系统也具有类似的功能。

遥感（RS）是利用飞机、卫星等空间平台上的传感器，包括可见光、红外、微波、激光等传感器，从空中远距离对地面进行观测，根据目标反射或辐射的电磁波进行数据处理后获取大范围地物特征和周边环境的技术。遥感技术可以获得实时、形象化、不同分辨率的遥感图像，具有真实性、直观性、实时性等优点。

3S 技术的发展，不断提供新的信息获取、处理、分析和利用手段，在城市规划中得到日益广泛的应用，在更新城市规划的技术手段，提高工作效率和改变工作模式等方面发挥重要的作用。

3.3.2 计算机辅助设计

计算机辅助设计主要包括图形设计软件（如 AutoCAD），图像设计软件（如 Photoshop）和三维建模软件（如 3Dmax，SketchUp）以及 BIM（建筑信息模型，Building Information Modeling）技术等。

计算机辅助设计软件从出现至今，已经广泛应用于城市规划的各个方面，主要应用在城市规划的规划设计和规划表现方面。

此外，BIM 技术的应用也正在进入城市规划领域。BIM 在城市规划的三维平台中，可以完全实现传统三维仿真系统无法实现的多维应用。特别是城市规划方案的性能分析，可以解决传统城市规划编制和管理方法无法量化的问题，诸如舒适度、空气流动性、噪声云图等指标。BIM 的性能分析通过与传统规划方案的设计、评审结合起来，将会对城市规划多指标量化、编制科学化和城市规划可持续发展产生积极的影响。

3.3.3 虚拟现实技术

虚拟现实技术（Virtual Reality，简称 VR）是在三维可视化技术的基础上发展的新应用模式。随着三维技术的发展，3D 电影、3D 游戏、3D 电视已经广泛进入了人们的日常生活。三维技术、虚拟现实和互联网的融合，创造了一种基于互联网的三维虚拟世界应用环境，这也为城市规划等学科搭建了一种新的分析和展示的平台与环境。

VR 技术目前多数还是用于规划成果的展示，也有人尝试在虚拟现实中搭建一个“平行世界”，以吸引更多的公众对规划项目进行参与。如美国纽约皇后社区在的居民探索在虚拟游戏世界“第二人生”中建设一个与真实社区公园平行存在的虚拟社区公园，邀请社区居民参与规划的讨论。

数字城市的建设一方面需要依靠信息技术的支撑，另一方面也需要城市各行各业的配合，它的实现不可能在一朝一夕完成。目前，数字城市的建设尚处于初级阶段，但是，数字城市必将成为城市各行各业赖以运作的重要的数据平台和技术平台，而城市规划作为数字城市建设中的核心内容，数字化的趋势也是必然的。

数字城市规划是传统城市规划理论与方法和现代信息技术相结合，在实践中逐步形成的城市规划数量化理论和方法。数字城市规划技术是综合运用地理信息技术、计算机辅助设计、数据库技术、虚拟现实以及多媒体等技术，对城市的地理空间数据进行获取分析处理和辅助决策服务的技术系统，实现城市社会经济、空间资源、生态环境的数字化可视化表现。数字城市规划技术实现了社会空间环境一体化的规划目标，提高了城市规划过程中的公众参与程度，从而达到理论与实践的最佳结合。

本章小结

古代城市规划思想的杰出代表，包括古代中国强调“整体观念与等级秩序、人工环境与自然环境和谐”的规划思想，古代欧洲强调几何与秩序、强调民主的规划思想。现代城市规划思想从田园城市理论、卫星城市理论、明日城市理论、有机疏散理论等，直到近现代三大宪章，逐步形成了当代城市规划追求和谐、民主、可持续发展的规划理念。现代城市规划凭借计算机、虚拟现实、卫星等手段，实现了技术的飞速进步。

拓展学习推荐书目

[1] 埃比尼泽·霍华德（作者），金经元（译）. 明日的田园城市 [M]. 北京：商务印书馆，2010.

[2]（法）柯布西耶（作者），李浩（译）. 明日之城市 [M]. 北京：中国建筑工业出版社，2009.

[3]（英）泰勒（作者），李白玉，陈贞（译）. 1945 年后西方城市规划理论的流变 [M]. 北京：中国建筑工业出版社，2006.

思考题

1. 中国古代城市规划实践反映了怎样的规划思想？
2. 简要比较“田园城市”理论和“明日城市”理论的异同。
3. 近现代规划史上三个宪章，在理论上体现了怎样的传承和发展？

4 城镇总体规划

4.1 城镇总体规划概述

4.1.1 城镇总体规划的作用

城镇总体规划是从城镇总体的角度，研究城镇的发展目标、性质、规模和总体布局形式，制定出战略性的、能指导与控制城镇发展和建设的蓝图，在指导城镇有序发展、提高建设和管理水平等方面发挥着重要的先导和统筹作用。城镇总体规划也是我国城乡规划立法和审批的重要内容，具有明确的法律地位，是城镇规划的重要组成部分。

城镇总体规划是编制城镇近期建设规划、详细规划、专项规划和实施城镇规划行政管理的法定依据。各类涉及城镇发展和建设的行业发展规划，都应符合城镇总体规划的要求。由于具有全局性和综合性，我国的城镇总体规划不仅具有专业技术的特征，同时更重要的是引导和调控城镇建设，保护和管理城镇空间资源的重要依据和手段。

从本质上讲，城镇总体规划就是对城镇发展的战略性安排，是战略性的发展规划。总体规划工作是以空间部署为核心的制定城镇发展战略的过程，是推动整个城镇发展战略目标实现的重要组成部分。

4.1.2 城镇总体规划与相关规划的关系

1. 城镇总体规划与区域规划

区域规划和城镇总体规划都是在明确长远发展方向和目标的基础上，对特定地域的发展进行的综合部署，但在地域范围、规划内容的重点和深度方面有所不同。

区域规划是城镇总体规划的重要依据。一个城镇总是和它所对应的一定区域范围相联系，反之，一定的区域范围也必定有大小城镇和城市构成发展节点。区域的总体发展水平决定着城镇的发展，而城镇的发展也将促进区域的发展。因此，城镇的发展必须着眼于城镇所在的区域范围，由孤立的点延伸到广度的面，否则，就城镇论城镇，很难准确把握城镇的发展方向、性质、规模以及布局结构形态。因此，在对未进行区域规划的地区进行城镇规划时，应首先进行城镇发展的区域分析，为城镇发展方向、性质、规模和空间结构形态的确定提供科学依据。

区域规划与城镇规划应相互协调，配合进行。在区域规划中，从区域的角度出发，确定产业布局、人口布局和基础设施布局的总体结构框架，而在城镇总体规划中进行各项布局时应注意与区域规划的衔接。在区域规划中，将会预测区域中人口的发展水平，确定人口的合理分布，并且大致确定各城镇的规模、性质以及他们之间的分工，通过城镇总体规划应该使其进一步具体化，在具体的落实过程中，还有可能根据实际情况对原区域规划中的内容进行必要的修订和补充。

2. 城镇总体规划与国民经济和社会发展规划

我国国民经济和社会发展规划包括短期的年度规划、中期的 5 ~ 10 年规划以及 20 年的长期规划，由发改委负责组织编制，是国家和地区从宏观层面对经济社会发展所作的指导和调控。

国民经济和社会发展规划是指导城镇总体规划编制的依据和指导性文件。国民经济和社会发展规划强调城镇短期和中长期的发展目标与政策的研究与制定，而城镇总体规划注重城镇总体发展的空间部署，两者相辅相成。特别是城镇的近期建设规划原则上应与经济和社会发展规划的时期相一致。在合理确定城镇发展规模、发展速度以及重点发展项目等方面，应在国民经济和社会发展规划做出轮廓性安排的基础上，通过城镇总体规划落实到具体的土地资源配置和空间布局上。

3. 城镇总体规划与土地利用总体规划

土地利用总体规划属于宏观的土地利用规划，是各级人民政府依法对其辖区内的土地利用以及土地的开发、治理和保护所作的总体安排和综合部署。

城镇总体规划和城镇土地利用总体规划有着共同的规划对象，都是针对一定时期、一定范围内的土地使用或利用进行的规划，但是在内容和作用上存在差异。土地利用总体规划是从土地的开发、利用和保护出发制定的土地用途的规划和部署；城镇总体规划是从城镇功能和结构完善的角度出发对城镇土地使用所作的安排。二者在规划目标、规划内容以及土地使用类型的划分等方面都是不同的。

城镇总体规划应与土地利用总体规划相协调。土地利用总体规划通过对土地用途的控制保证了城镇的发展空间，城镇总体规划中建设用地的规模不得超过土地利用总体规划中确定的建设用地规模。城镇总体规划与土地利用总体规划的“两规合一”，是规划体系变革的方向。

4.2 城镇体系规划

城镇体系规划是我国目前城镇规划的法定规划体系中等级最高的规划类型。它是关于一定区域内城镇发展与布局的规划。开展城镇体系规划的目的是引导城镇发展和布局与区域经济社会发展相适应，与资源和生态环境条件相适应。城镇体系规划是政府对区域城镇发展进行宏观调控的重要依据与手段。

4.2.1 城镇体系规划的任务和层次

1. 城镇体系规划的任务

城镇体系规划要为政府引导区域城镇发展提供宏观调控的依据和手段，它的主要任务是主导城乡空间结构调整，指导区域性基础设施配置，引导生产要素流动、集聚。

(1) 以区域为整体，统筹考虑城镇与乡村的协调发展，明确城镇的职能分工，确定区域城镇发展战略，调控和引导区域内城镇的合理布局和大中小城镇的协调发展。

(2) 在维护公平竞争的前提下，协调区域开发活动的空间布局和时序，限制不符合区域整体利益和长远利益的开发活动，保护资源、保护环境，促进城乡协调发展。

(3) 保障社会公益性项目的建设，促进经济社会的协调发展。统筹安排区域基础设施，避免重复建设，实现区域基础设施共享和有效利用，降低区域开发成本。

(4) 确定引导城镇体系完善与发展的各项政策和措施。

2. 城镇体系规划的层次

城镇体系规划一般分为全国城镇体系规划、省域城镇体系规划、市域（包括直辖市、市和有中心城镇依托的地区、自治州、盟域）城镇体系规划、县域（包括县、自治县、旗域）城镇体系规划四个基本层次。

其中，全国和省域城镇体系规划是独立的规划。市域、县域规划可以与相应地域中心城市的总体规划一并编制，也可以独立编制。

城镇体系规划的区域范围一般按行政区划划定。根据国家和地方发展的需要，可以编制跨行政区的城镇体系规划（如某流域城镇体系规划）。跨行政区的城镇体系规划是相应地域城镇体系规划的深化规划。

4.2.2 城镇体系规划的工作内容和成果

1. 城镇体系规划的主要内容

城镇体系规划一般应当包括下列内容：

(1) 综合评价区域与城镇的发展和开发建设条件；

(2) 预测区域人口增长，确定城镇化目标；

(3) 确定本区域的城镇发展战略，划分城镇经济区；

(4) 提出城镇体系的功能结构和城镇分工；

(5) 确定城镇体系的等级和规模结构；

(6) 确定城镇体系的空间布局；

(7) 统筹安排区域基础设施、社会设施；

(8) 确定保护区域生态环境、自然和人文景观以及历史文化遗产的原则和措施；

(9) 确定各时期重点发展的城镇，提出近期重点发展城镇的规划建议。

2. 城镇体系规划的主要成果要求

(1) 城镇体系规划文件包括规划文本和附件

规划文本是对规划目标、原则和内容提出规定性和指导性的要求的文件。附件是对规划文本的具体解释，包括综合规划报告（说明书）、专题规划报告和基础资料汇编。

(2) 城镇体系规划的主要图纸

1) 城镇现状建设和发展条件综合评价图；

2）城镇体系规划图（一般包括城镇空间结构规划图、城镇等级规模结构规划图和城镇职能结构规划图）；

3）区域综合交通规划图；

4）区域社会及工程基础设施配置图；

5）重点城镇发展规划示意图。

4.3 城镇职能、性质与规模

在城镇总体规划的编制过程中，首先要进行城镇发展战略的研究，需要研究城镇职能，确定城镇性质。分析城镇职能，拟定城镇性质，就是对城镇进行定位，即明确该城镇在区域经济和城镇职能分工体系中所扮演的角色。只有这样，才能为城镇建设和发展指出明确方向，才能为城镇合理选择建设项目、安排建设用地、进行规划布局提供依据。

4.3.1 城镇职能

1. 概念

城镇职能是指城镇在一定地域内的经济、社会发展中所发挥的作用和承担的分工。城镇相对乡村而言，本身是一个多功能的综合体，因而城镇的职能也是多方面的。

2. 城镇职能的分类

城镇职能按照在城镇生活中的作用，可以划分以下不同类型。

（1）一般职能和特殊职能

根据某项职能的独有性，可以将城镇职能分成一般职能与特殊职能两类。

一般职能是指所有城镇都必须具备的那一部分职能，如为当地居民服务的居住职能、教育职能、文化职能、商业职能、服务职能、管理职能等。

特殊职能是指那些只为个别城镇所具有的职能，如采矿业、机械加工业、旅游业、历史文化保护等。特殊职能较能体现城镇性质。

一般职能与特殊职能的分类有助于加深人们对城镇职能的理解，但这只是一种静态的分类方法，它不能揭示城镇职能与城镇成长机制的关系，于是便有了基本职能和非基本职能之分。

（2）基本职能和非基本职能

基本职能是指城镇为城镇以外地区服务的职能。非基本职能是城镇为城镇自身居民服务的职能。城镇经济基础理论表明，基本职能是城镇发展主动、主导的促进因素。

（3）主要职能和辅助职能

城镇的主要职能是城镇职能中比较突出的、对城镇发展起决定作用的职能。为主要职能服务的职能即为城镇的辅助职能。

4.3.2 城镇性质的确定

1．概念

城镇性质是指一个城镇在地区的政治、经济、文化生活中所处的地位和所担负的主要职能，由城镇形成与发展的主导因素决定。因此，城镇性质体现城镇的个性，反映一定时期内其所在地区的政治、经济、社会、地理、自然等因素的特点，它随社会条件、生产条件的变化而变化。

《城乡规划法》明确把城镇性质确定为城镇总体规划的重要内容，认为城镇各项建设和各项事业的发展，都要服从和体现城镇性质的要求。城镇性质正确与否，对城镇规划和建设非常重要。

首先，城镇性质可以为城镇总体规划提供科学依据。正确确定城镇性质，就可使该城镇建设和发展有明确的方向，在区域范围内合理地发展，真正发挥每个城镇的优势，扬长避短，协调发展，这也有利于地区合理经济结构的形成和合理的城镇分工体系的建立。

其次，城镇性质是确定城镇合理规模的重要依据。城镇的规模大小，要依据城镇发展的条件和特点来定，不同的城镇规模，对各功能区有着不同的布局和要求。城镇规模是否合理，主要表现在是否体现城镇性质和符合城镇发展方向等方面。如果城镇性质不明确，会使城镇发展主次不分，导致城镇发展规模无法控制。

再次，城镇性质还是合理确定城镇布局的重要依据。不同的城镇性质决定了不同的城镇规划特征，进而影响城镇用地组织以及各种市政公用设施建设。正确拟定城镇性质，可明确城镇内部及城镇所在区域范围内重点发展项目及各部门间的比例关系；有利于为规划方案提供可靠的技术经济依据，调整各类城镇用地以及城镇内部用地不平衡等问题，从而合理利用土地资源，提高土地有效利用率。城镇内部多是工业用地偏高，生活用地不足，应通过确定城镇性质，有计划、有步骤地进行调整。

确定城镇性质是一项综合性和区域性较强的工作，必须分析研究城镇发展的历史条件、现状特点、生产部门构成、职工构成、城镇与周围地区的生产联系及其在地域分工中的地位等多个方面。

2．城镇性质与城镇职能的区别和联系

城镇性质和城镇职能是既有联系又有区别的概念。两者的联系在于城镇性质是城镇主要职能的概括，确定城镇性质一定要进行城镇职能分析。两者之间的区别主要在于：

（1）城镇职能分析一般利用城镇的现状资料，得到的是现状职能，而城镇性质一般是表示城镇规划期里希望达到的目标和方向；

（2）城镇职能有好几个，强度和影响范围各不相同，而城镇性质只抓住最主要、最本质的职能；

（3）城镇职能是客观存在的，但可能合理，也可能不合理，而后者在认识客观存在的前提下，揉进了规划者的主观意念，可能正确，也可能不正确。

3. 城镇性质的确定

（1）城镇性质的确定依据

确定城镇性质，可从两个方面进行分析：

1）从城镇在国民经济的职能方面去分析，就是研究国家的方针、政策以及国家经济发展计划对该城镇建设的要求，分析该城镇在所处区域的地位与所担负的主要职能。其中，城镇区域因素对城镇性质的确定具有重要的意义。在考虑城镇区域因素时，主要应明确区域的范围，该城镇对区域范围所担负的政治、经济职能，该范围的资源情况，包括矿产、水利、农业、旅游等资源的开发利用现状与潜力以及与该城镇的关系。

2）从该城镇自身所具备的条件去分析，包括资源条件、自然地理条件、建设条件和历史及现状基础条件。在城镇本身具备的条件中重点研究的是提供城镇形成现状与发展的主要自然基础；其次是研究该城镇在大的经济区的地位及相邻城镇的相互关系，研究其在经济、生产、技术协作等多方面的影响；在建设条件方面主要是在用地、水源、电力和交通运输等方面对城镇性质的制定具有的潜力和限制。

（2）城镇性质的确定方法

城镇性质的确定方法一般为〝定性分析〞与〝定量分析〞相结合，以定性分析为主。城镇性质的定性分析就是在综合分析的基础上，说明城镇在经济、政治、社会、文化生活中的作用与地位。定量分析是在定性分析的基础上，从数量上去分析自然资源、劳力资源、能源交通及主导经济产业现有和潜在的优势。确定城镇性质时，不能仅仅考虑城镇本身发展条件和需要，必须从全局出发。

在确定城镇性质时，需要避免以下倾向：

1）既要避免把现状职能照搬到城镇性质上，又要避免脱离现状职能，完全理想化地确定城镇性质。避免这些倾向，首先要正确理解城镇职能、主要职能和城镇性质三者之间的联系；其次要对城镇职能和城镇性质赋予时间尺度的含义。分析该城镇形成发展诸要素中今后可能和合理的发展变化，才可制定城镇的规划性质。

2）城镇性质的确定一定要跳出城镇论城镇的狭隘观念。城镇职能的着眼点是城镇的基本活动部分，是从整体上看一个城镇的作用和特点，指的是城镇与区域的关系，城镇与城镇的分工。而城镇性质所要反映的城镇主要职能、本质特点或个性都是相对于国家或区域中的其他城镇而言的。因此，城镇性质的确定就更离不开区域分析的方法。

3）城镇性质对主要职能的概括深度要适当，城镇性质所代表的城镇地域要明确。城镇的各个职能按其对国家和区域的作用强弱和其服务空间的大小以及对城镇发展的影响力是可以按照重要性来排序的。这就产生了城镇性质对主要职能要概括到什么深度的问题。

（3）城镇性质的表述

一般来讲，城镇性质的表述应反映行政、经济、文化等主要城镇职能，城镇性质的内涵包含三方面内容：

1）城镇的宏观综合影响范围

城镇的宏观影响范围往往是一个相对稳定的、综合的区域，是城镇的区域功能作用的一个标志。城镇的影响范围是和城镇的宏观区位相联系的。因此，一般应把城镇宏观区位的作用纳入到城镇性质的内涵，使城镇的主要作用区域范围具体化，是城镇在区域中地位的具体化（全国性的、地方性的、流域性的、一般性的等），这样有助于明确城镇发展的方向和建设重点。

2）城镇的主导产业结构

传统城镇性质确定方法的重点内容是以城镇的主导产业结构来表达城镇性质，强调通过主要部门经济结构的系统研究，拟定具体的发展部门和行业方向。

3）城镇的其他主要职能

所谓其他主要职能，是指以政治、经济、文化中心作用为内涵的宏观范围分析和以产业部门为主导的经济职能分析以外的职能，一般包括历史文化属性、风景旅游属性、军事防御属性等，如国家或省级历史文化名城、革命纪念地、风景旅游城镇等。

这样，一个城镇的性质表述，可以从上述几个方面概括。例如南京汤泉镇，是"南京长江以北以温泉为特色的生态型旅游新城，浦口老山以北的综合服务中心"；浙江桐乡崇福镇，是"中国皮草名城，江南运河文化古城，杭州都市区'宜居－宜业'新城"；浙江瑞安马屿镇，是"生态农业综合开发区，以光学眼镜、新材料应用、生物工程为主的工业集聚区，休闲养生旅游为一体的生态宜居小城市"等。

同时，城镇性质不是一成不变的，建设发展或客观条件变化都会促使城镇有所变化，从而影响城镇性质的改变。

4.3.3 城镇规模

城镇规模是指城镇人口规模和城镇用地规模。但是，用地规模随人口规模而变；所以，城镇规模通常以城镇人口规模来表示。城镇人口规模就是城镇人口总数。人口规模预测得合理与否，对城镇建设影响很大：如果人口规模预测比合理发展的现实趋势大，用地必然过大，相应的设施标准过高，造成长期的不合理与浪费；如果人口规模预测比合理发展的现实趋势小，用地亦过小，相应的设施标准不能适应城镇发展的要求，成为城镇发展的障碍。因此，城镇人口的估计和确定，包括调查分析，是一项既重要又复杂的工作，它既是城镇总体规划的目标，又是制定一系列具体技术指标与布局的依据。做好这项工作对正确编制城镇总体规划有着很大的影响。

1. 城镇人口规模

在进行城镇规划时，应以规划期末镇区常住人口的数量按表 4–1 的分级确定级别。

人口规划规模分级　　表4–1

规划人口规模分级	镇区
特大型	>50000
大型	30001～50000
中型	10001～30000
小型	≤10000

（资料来源：《镇规划标准》GB 50188—2007）

2. 城镇用地规模

城镇用地规模是指城镇规划区内各项城镇用地的总和，其大小通常按照城镇用地规模总量控制的方法来计算，即依据已预测的城镇人口以及与城镇性质、规模等级、所处地区的自然环境条件相适应的人均城镇用地面积标准。计算方法如下：

城镇用地规模＝城镇人口规模 × 人均城镇建设用地

城镇人口规模不同、城镇性质不同，用地规模以及各项用地的比例也存在较大的差异。在我国目前所执行的《镇规划标准》GB 50188—2007 中，为有效控制城镇规划编制中的用地指标，根据新建城镇和已建镇提出不同的人均建设用地指标，结合城镇建设用地比例进一步细化指导城镇规划（表 4–2、表 4–3）。

城镇人均建设用地指标分级　　表4–2

级别	一	二	三	四
人均建设用地指标（m^2/人）	＞60～≤80	＞80～≤100	＞100～≤120	＞120～≤140

（资料来源：《镇规划标准》GB 50188—2007）

规划城镇建设用地比例　　表4–3

类别代号	类别名称	占建设用地比例（%）	
		中心镇镇区	一般镇镇区
R	居住用地	28～38	33～43
C	公共设施用地	12～20	10～18
S	道路广场用地	11～19	10～17
G1	公共绿地	8～12	6～10
四类用地之和		64～84	65～85

（资料来源：《镇规划标准》GB 50188—2007）

最后，城镇总体规划工作通过编制城镇总体规划用地汇总表和城镇建设用地平衡表，分析城镇各项用地的数量关系，用数量的概念来说明城镇现状与规划方案中各项用地的内在联系，可为合理分配城镇用地提供必要的依据。

4.4 城镇用地发展方向

城镇用地是指用于城镇建设和城镇机能运转所需要的土地，它们既指已经建设利用的土地，也包括已列入城镇规划区范围而尚待开发使用的土地，由居住、公共设施、道路广场、绿地等不同类型的用地组成。

城镇的一切建设工程，不管它们的内涵功能如何复杂，空间利用方式如何，都必然落实到土地上，而城镇规划的核心工作内容之一就是制定城镇土地利用规划，通过其具体地确定城镇用地的规模与范围以及用地的功能组合与总体布局等。因此，有必要在正式讲述城镇总体布局前，对城镇用地的相关内容进行介绍。

4.4.1 城镇用地组成与用地分类

1. 城镇用地组成

从城镇规划的角度来看，城镇用地是指建成区或规划区范围内的用地。建成区是指某一发展阶段城镇建设在地域分布上的客观反映，是城镇行政管理范围内的土地和实际建设发展起来的非农业生产建设地段。建成区内部根据不同功能用地的分布情况，又可进一步划分为居住区、商业区、工业区等功能区，实际承担城镇功能的运作，并共同组成了城镇的整体。

2. 城镇用地分类

城镇用地的用途分类，是城镇规划中用地布局的统一表述，它有严格的内涵界定。按照《镇规划标准》GB 50188—2007，城镇用地按土地使用的主要性质划分为：居住用地、公共设施用地、生产设施用地、仓储用地、对外交通用地、道路广场用地、工程设施用地、绿地、水域和其他用地共 9 大类。

4.4.2 城镇用地发展方向

1. 城镇用地选择基本要求

城镇用地选择就是合理地选择城镇的具体位置和用地的范围。对新建城镇就是城镇选址；对旧城则是确定城镇用地的发展方向。

城镇用地选择的基本要求如下：

（1）选择有利的自然条件

有利的自然条件，一般是指地势较为平坦、地基承载力良好、不受洪水威胁、工程建设投资节省，而且能够满足城镇日常功能的正常运转等。由于城镇建设条件影响因素多且比较复杂，各种矛盾相互制约，如地形平坦的地段可能会被水淹没且地基较差，地形起伏较大的丘陵虽然不平坦，但地基承载力较好。因此，要全面分析比较，合理估算工程造价，得出合理的选择。对于一些不利的自然条件，利用现代技术，通过一定的工程措施加以改造，但都必须经济合理和工程可行，实事求是地合理选择近期和远期的城镇用地。因此，选择有利的自然条件是城镇规划选址与布局的原则性问题。

(2) 尽量少占农田

保护农田、少占农田是我国的基本国策，因此也是城镇用地选址必须遵循的原则。尽量利用劣地、荒地、坡地，在可能的条件下，应结合工程建设造田、还田。

(3) 保护古迹与矿藏

城镇用地选择应避开有价值的历史文物古迹和已探明有开采价值的矿藏的分布地段。遇到地下古迹与矿藏不十分清楚的情况下，应持慎重态度。

(4) 满足主要建设项目的要求

城镇建设项目和内容，有主次之分。对城镇发展关系重大的建设项目，应优先满足其建设需要，解决城镇用地选择的主要矛盾，此外还要研究它们的配套设施如水、电、运输等用地的要求。

(5) 要为城镇合理布局创造良好条件

城镇布局的合理与否与用地选择的关系很大。优越的自然条件是城镇合理布局的良好基础。

2. 城镇用地建设条件分析

城镇建设条件是指组成城镇各项物质要素的现有状况、近期内建设和改进的可能、服务水平与质量。广义上讲，自然条件是建设条件的一部分，但一般所指的建设条件，主要是由人为因素所造成的，包括城镇现状条件和技术经济条件两大类。

(1) 城镇现状条件

除了新建城镇之外，绝大多数城镇都是在一定的现状基础上发展起来的。城镇的建设与发展，不可能脱离城镇现有的基础，所以城镇现状条件对城镇的建设与发展有重要的影响。在城镇规划时，对于不能满足城镇发展要求的，应加以合理改造，充分利用城镇现有基础，发挥潜力。城镇现状条件主要有以下三个方面内容：用地布局结构、市政设施和公共服务设施与社会、经济构成现状特征等。

(2) 技术经济条件

城镇与城镇以外地区的各种联系，是城镇存在与发展的重要技术经济因素。这些条件包括：区域经济条件、交通运输条件、用水条件、供电条件、用地条件等五个方面。

4.4.3 城镇用地适应性评定

城镇用地评定主要包括自然条件、建设条件及用地的经济性评价三个方面。其中，每一方面都不是孤立的，而是相互交织在一起。进行城镇用地评价必须用综合的思想和方法。

1. 城镇用地自然条件评价

自然环境条件与城镇的形成和发展密切相关。它不仅为城镇提供了必需的用地条件，同时也对城镇布局、结构、形式、功能的充分发挥有着很大的影响。城镇建设用地的自然条件评价主要包括工程地质、水文、气候和地形等方面的内容。

2. 城镇用地建设条件评价

作为城镇用地不仅要求有良好的自然条件，同时对用地的人工施加条件也至关重要，包括建设现状条件、工程准备条件、基础设施条件等。

3. 城镇用地经济性评价

城镇用地经济评价的基础是对城镇土地基本特征的分析。城镇土地除具有土地资源的共性以外，还有其特殊性。一是承载性。城镇土地是接纳城镇生产、生活各项活动和各类建筑物、构筑物的载体，为城镇各项建设和经济社会活动提供场所。这是城镇土地最基本的自然属性。二是区位。除包括几何位置外，更重要的是其经济地理位置，即与周围经济环境的相互关系，包括有形的要素（如就业中心、交通线路、基础设施条件等）和无形的因素（如经济发展水平、社会文化环境等）。

4. 城镇用地工程适宜性评定

城镇用地的评定是在调查分析自然环境各要素的基础上，按照规划与建设的需要以及用地在工程技术上的可能性和经济性，对用地的环境条件进行质量评价，以确定用地的使用程度。通过用地的评定，为城镇用地选择与用地组织提供依据。

用地评定以用地为基础，综合与之相关的各项自然环境条件的优劣，通常将用地分为三类：Ⅰ类用地一般不需或只需稍加工程措施即可用于建设；Ⅱ类用地需要采取一定的工程措施，改善条件后才能修建；Ⅲ类用地不适于修建。

4.5 城镇功能、结构与形态

城镇总体布局的核心是城镇主要功能在空间形态演化中的有机构成，它是研究城镇中各项用地之间的内在联系，结合考虑城镇化的进程、城镇及其相关的城镇网络、镇域体系在不同时间和空间发展中的动态关系。城镇总体布局受到城镇自身和区域宏观方面的影响，其经济发展水平、经济增长方式、行政区划和管理体制、城镇的性质和规模、城镇所在地区的资源和自然条件、生态环境和交通运输等因素都会在不同程度上影响城镇总体布局的形成和发展。城镇的功能活动总要体现在总体布局之中，以城镇的功能、结构与形态作为研究城镇总体布局的切入点，便于更好地把握城镇空间的内涵及其布局的合理性。

4.5.1 城镇功能

城镇功能是城镇存在的本质特征，是由城镇各项经济活动相互间发生空间竞争，导致同类功能活动在空间上高度集中的产物。城镇功能是一个复合体，包含城镇承担的功能类型和功能作用的空间范围，不同类型的功能具有不同的服务空间范围。同时，城镇功能是一个发展的概念。随着时间的推移，城镇自身的发展条件和外部环境都会发生变化，从而导致城镇功能有可能发生变化；另外，城镇发展也有其内部规律性，随着城镇规模的增长，一些城镇功能逐渐加强，一些城镇功能会逐渐弱化。

城镇功能的多元化是城镇发展的基础。1933 年的《雅典宪章》就曾明确指出城镇的四大功能是居住、工作、游憩和交通，并认为城镇应按居住、工作、游憩进行分区及平衡后，再建立三者联系的交通网（详见本书第 3 章）。现代城镇在社会经济发展进程中，城镇功能也从早期的相对简单逐步演变为日益复杂的混合体，城镇功能的演替转型是在不停地进行。

图 4–1 是湖南省某新城在总体规划阶段的功能布局规划图。

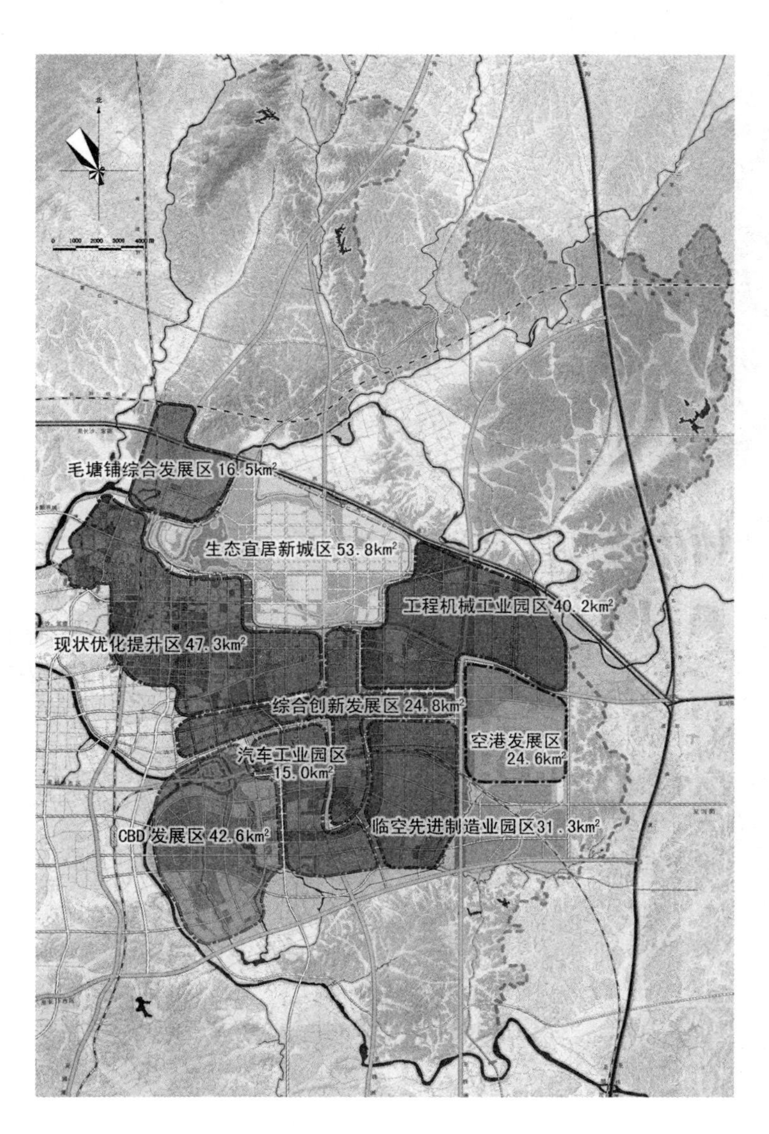

图 4–1　湖南省某新城城镇总体规划的功能布局规划图

4.5.2 城镇结构

城镇结构是城镇功能活动的内在联系，是城镇系统中各组成部分或各要素之间的关联方式。城镇规划的角度主要从城镇空间来理解和认识城镇结构，即是从空间的角度来表述城镇内部相互作用的方式。城镇空间是城镇功能的地域载体，城镇功能组织在地域空间上的投影，是城镇的政治、经济和社会等因素组合的综合反映。城镇空间结构主要指城镇中各物质要素的空间位置关系及其变化移动中显示出的特点。

一般而言，城镇功能的变化是结构变化的先导，通常它决定结构的变异和重组。同时，城镇结构的调整必然促使城镇功能的转换。优化城镇空间结构是优化城镇功能的重要手段。

图 4—2 是安徽省某地总体规划的规划结构图。

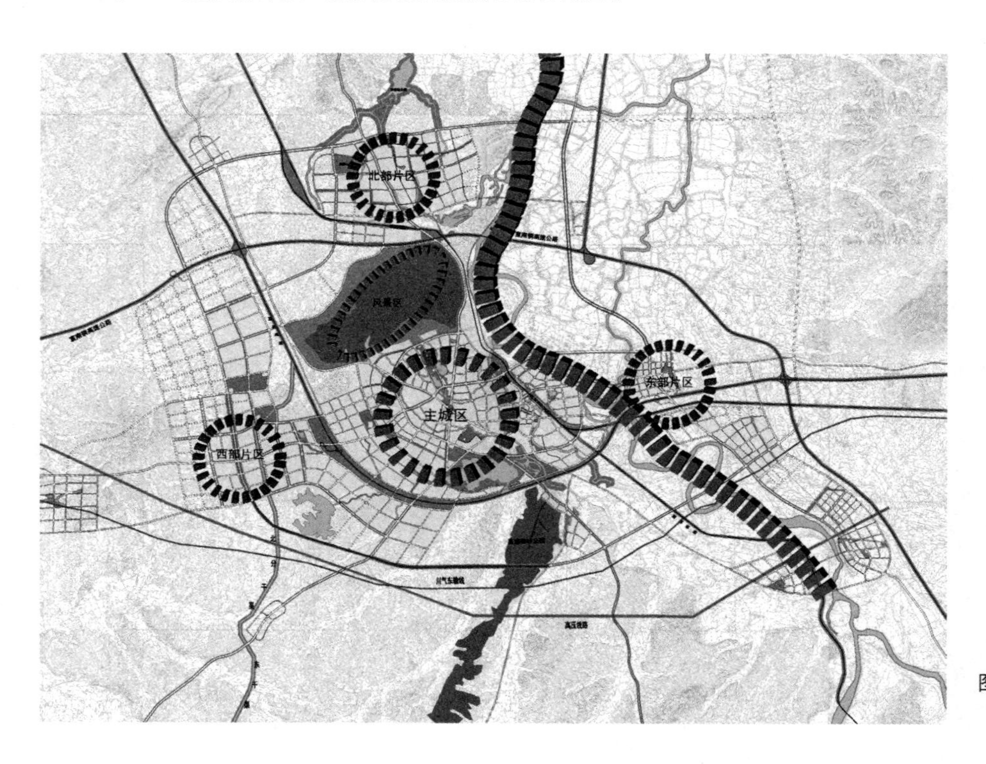

图 4—2 安徽某城镇总体规划的规划结构图

4.5.3 城镇形态

从城镇规划的角度来看，城镇形态是城镇空间结构的整体形式。城镇形态是构成城镇所表现的发展变化着的空间形式的特征，是一种复杂的经济、社会、文化现象和过程，它是在特定的地理环境和一定的社会经济发展阶段中，人类各种活动与自然环境因素相互作用的综合结果。一个城镇之所以具有某种特定形态，和城镇的性质、规模、历史基础、产业特点以及地理环境相关联。

有关城镇布局形态出现过许多类型的研究，综合各种研究成果，按照城镇用地形态和道路骨架形式，可以大体上归纳为集中式和分散式两大类。

1. 集中式布局

所谓集中式城镇布局，就是城镇的各项主要用地集中成片进行布置。其优点是便于设置较为完整的公共服务设施，城镇各项用地紧凑、集约，有利于提高各项经济社会活动的效率和方便居民的生活。一般情况下，鼓励中小城镇采用这种城镇布局形态，在规划布局中要有弹性，处理好近期和远期的关系，既使近期建设紧凑，又能够为远期留有余地。

集中式的城镇布局又可进一步划分为网格状和环形放射状两种类型。

网格状城镇是最常见和最传统的城镇布局形态，由网格状的道路骨架构成，城镇形态规整，易于适应各种建筑的布置，但是如果处理不好，也易于导致布局上的单调。

环形放射状的城镇交通通达性较好，具有较强的向心紧凑发展的趋势，易于形成高密度的、展示性的城镇中心区。这类城镇一般易于利用放射状道路组织轴线和景观系统，但是容易造成市中心的拥挤和过度集聚，而且城镇形态缺乏规整性，不利于建筑的布置，这种形态一般不适于小城镇。

2. 分散式布局

分散式城镇布局的最主要特征是城镇空间呈非集聚的分布方式，包括团状、带状、星状、环状等多种形态，因地制宜。很多城镇因为复杂地形的限制，采用分散式布局方式。

4.6 城镇总体布局

城镇布局的作用是确定城镇或街区的空间布局，它是城镇的社会、经济、环境及工程技术与建筑空间组合的综合反映，是一项为城镇合理发展奠定基础的全局性工作。总体布局是通过城镇用地组成的不同形态体现出来的，其核心是城镇用地功能组织，分析城镇用地和建设条件，研究各项用地的基本要求及它们之间的内在联系，安排好位置，处理好它们的关系，有利于城镇健康发展。

城镇总体布局的任务是在城镇的性质和规模确定之后，在城镇用地适用性评定的基础上，根据城镇自身的特点和要求，对城镇各组成用地进行统一安排，合理布局，使其各得其所，有机联系，并为今后的发展留有余地。城镇总体布局的合理与否，关系到城镇建设与管理的整体经济性，关系到长远的社会效益与环境效益。

城镇总体布局能反映各项用地之间的内在联系，是城镇建设和发展的战略部署，关系到城镇各组成部分之间的合理组织和城镇建设的投资费用。城镇总体布局要力求科学、合理，要切实掌握城镇建设发展过程需要解决的实际问题，按照城镇建设发展的客观规律，对城镇发展作出足够的预见，并具有较强的适应性。要达到此目的，就必须明确城镇总体布局的工作内容，领会城镇总体布局的基本原则，掌握总体布局的一般步骤及进行技术经济分析与论证的方法，通过多方案比较和方案优选来确定城镇的总体布局。

4.6.1 城镇总体布局的基本原则

1. 正确选择城镇的发展方向

合理确定城镇的主要发展方向，对于城镇总体布局影响巨大，因此，需要进行城镇发展方向的方案评估与比选。一方面，要综合考虑城镇现状条件的限制和引导，特别是大型交通运输设施如铁路、高速公路对城镇发展的阻隔，城镇通常不宜跨越这些线路发展。另一方面，要考虑城镇地形和地质条件的约束。地势平坦是城镇发展的有利方向，而不良的地形地质条件，如山地、易淹没区及地震带等不宜作为城镇发展用地。另外，要考虑区域条件对城镇发展方向的影响。应把城镇所在的地区或更大的范围作为一个面，分析研究该城镇在区域中的经济联系强弱和特性，统筹考虑城镇与周边地区的联系，为城镇主导发展方向提供基础条件。

2. 功能明确，重点安排城镇的主要用地

城镇总体布局要充分利用自然地形、江河水系、城镇道路、绿地林带等框架来划分功能明确、面积适当的各功能用地。首先，要综合考虑居住生活与生产活动、交通运输、公共绿地的关系，兼顾新旧区的协调发展，是城镇用地功能组织的重要内容。其次，注意并安排反映城镇性质和城镇主要职能的用地。如风景旅游城镇要安排和布置适宜的风景游览用地；历史文化名城要满足历史文化保护的要求。

3. 规划结构清晰，内外交通联系便捷

城镇规划用地结构清晰是城镇用地功能组织合理性的一个标志，它要求城镇各主要用地功能明确，各用地之间相互协调，同时有安全便捷的联系。根据城镇各组成要素布局的总构思，明确城镇主导发展和次要发展的内容，明确用地的发展方向及相互关系，将城镇各组成部分通过道路联系构成一个相互协调和有机的整体。城镇总体布局应在明确道路系统分工的基础上，促进城镇交通的高效率，并使城镇道路与对外交通设施、与城镇各组成要素之间均保持便捷的联系，从而把握城镇的整体。

4. 各阶段协调发展，留有发展余地

城镇总体布局是城镇发展与建设的战略部署，必须具备长远观点和具有科学预见性，力求科学合理、方向明确、留有余地。城镇的发展是一个漫长的历史时期，需要布点改善、更新、完善，同时，城镇的发展和建设又是一个连续性的过程，是不可分割的一个整体，各个发展阶段之间必须有良好的衔接。合理确定近期建设方案，近期建设要量力而行，充分考虑城镇的现状条件和发展可能，在以远期规划为指导的基础上，建设用地力求紧凑、合理、经济、方便。城镇建设各阶段要互相衔接、配合协调，在各规划期内保持城镇总体布局的完整性。同时，城镇布局要加强预见性，布局中留有发展余地和弹性。

4.6.2 城镇用地布局规划

城镇用地规划是对各类城镇功能的土地及其利用的规划，包括其布置的原则与形式以及和城镇总体布局的关系。本节主要以居住用地、公共设施用地、生产设施及仓储用地、绿地为例，分析用地规划的原则与布局思路。

1. 居住用地布局规划

城镇居住用地是指承担居住功能和居住活动的场所，是城镇用地的功能与空间的整体构成中不可分离的部件，与城镇居民直接使用关系最密切，在城镇用地中所占比例最大，是“城镇的第一活动”。城镇居住用地规划，要在城镇发展战略的指导下，研究确定居住生活质量及其地域配置的目标，结合城镇的资源与环境条件，选择合适的用地，处理好居住用地与城镇其他用地的功能关系，进行合理的组织与布局。

(1) 居住用地的选择

居住用地的选择关系到城镇的功能布局、居民的生活质量与环境质量、建设经济与开发效益等多个方面，居住用地的选址应有利生产，方便生活，具有适宜的卫生条件和建设条件。

通常，居住用地的选择应考虑几个方面：自然环境优良；与就业区、商业中心等功能地域协调联系；用地自身及用地周边的环境优良；适宜的规模与用地形状等。

(2) 居住用地的规划布局方式

城镇居住用地的分布形态，涉及城镇的现状构成基础，城镇的自然地理条件，城镇的功能结构以及城镇的道路与绿地网络等诸多因素，有的情况下还得考虑城镇再发展的空间拓展趋向，甚至是城镇规划与城镇设计的形态构思等。城镇居住用地在城镇中的布置方式一般有以下三种：

1) 集中布置。城镇规模不大，有足够的用地且在用地范围内无自然或人为的障碍，而可以成片紧凑地组织用地时，常采用这种布置方式。用地的集中布置可以节约城镇市政建设投资费用，密切城镇各部分在空间上的联系，在便利交通，减少能耗、时耗等方面可能获得较好的效果。但在城镇规模较大时，居住用地过大，可能会造成上下班出行距离增加。在居住用地集中成片的旧城区，需大量扩展居住用地时，要结合总体规划的布局结构，和道路网络的建构，采取相宜的分布方式，避免在原有基础上继续成片铺展。

2) 分散布置。在规模较大的城镇中，或当城镇用地受到地形等自然条件的限制，或因城镇的产业分布对道路交通设施走向与网络有影响时，居住用地可采取分散布置。前者如在丘陵地区城镇用地顺沿多条河谷地展开，后者如在矿区城镇，居住用地与采矿点相伴而分散布置。分散布置的基本原则应使居住用地与工作地点接近，使组团内的居住与就业基本平衡。

3) 轴向布置。当城镇用地以中心地区为核心，居住用地或与产业用地相配套的居住用地沿着多条由中心向外围放射的交通干线布置时，居住用地依托交通干线（如快速路、轨道交通线等），在适宜的出行距离范围内，赋以一定的组合形态，并逐步延展。如有的城镇因轨道交通的建设，带动了沿线房地产业的发展，居住区在沿线集结，呈轴线发展态势。

2. 公共设施用地规划

城镇公共设施的内容与规模在一定程度上反映出城镇的性质、城镇的物质生活与文化生活以及城镇的文明程度。城镇公共设施的内容设置以及规模大小与城镇的职能和规模相关联。即某些公共设施的配置与人口规模密切相关而具有地方性；有些公共设施则与城镇的职能相关，并不全然涉及城镇人口规模的大小，如一些旅游城镇的交通、商业等营利性设施，多为外来游客服务，而具有泛地方性。城镇公共设施的系统布置与组合形态，乃是城镇布局结构的重要构成要素和形态表现。同时，由于城镇公共设施的多姿多彩，往往赖以丰富城镇的景观环境，展示城镇的形象特征。

公共设施用地按其使用性质分为行政管理、教育机构、文体科技、医疗保健、商业金融和集贸市场六类，其用地分类以及项目配置应符合表4—4的规定。

城镇公共设施用地分类以及项目配置 表4—4

用地类别	项目	中心镇	一般镇
一、行政管理	1. 党政、团体机构	●	●
	2. 法庭	○	–
	3. 各专项管理机构	●	●
	4. 居委会	●	●
二、教育机构	5. 专科院校	○	–
	6. 职业学校、成人教育及培训机构	○	○
	7. 高级中学	●	○
	8. 初级中学	●	●
	9. 小学	●	●
	10. 幼儿园、托儿所	●	●
三、文体科技	11. 文化站（室）、青少年及老年之家	●	●
	12. 体育场馆	●	○
	13. 科技站	●	○
	14. 图书馆、展览馆、博物馆	●	○
	15. 影剧院、游乐健身场	●	○
	16. 广播电视台（站）	●	○
四、医疗保健	17. 计划生育站（组）	●	●
	18. 防疫站、卫生监督站	●	●
	19. 医院、卫生院、保健站	●	○
	20. 休疗养院	○	–
	21. 专科诊所	○	○

续表

用地类别	项目	中心镇	一般镇
五、商业金融	22.百货店、食品店、超市	●	●
	23.生产资料、建材、日杂商店	●	●
	24.粮油店	●	●
	25.药店	●	●
	26.燃料店（站）	●	●
	27.文化用品店	●	●
	28.书店	●	●
	29.综合商店	●	●
	30.宾馆、旅店	●	○
	31.饭店、饮食店、茶馆	●	●
	32.理发馆、浴室、照相馆	●	●
	33.综合服务站	●	●
	34.银行、信用社、保险机构	●	○
六、集贸市场	35.百货市场	●	●
	36.蔬菜、果品、副食市场	●	●
	37.粮油、土特产、畜、禽、水产市场	根据镇的特点和发展需要设置	
	38.燃料、建材家具、生产资料市场		
	39.其他专业市场		

注：表中●—应设的项目；○—可设的项目。

（资料来源：《镇规划标准》GB 50188—2007）

3. 生产设施用地规划

城镇生产设施用地是指城镇中独立设置的各种生产建筑及其设施和内部道路、场地、绿化等用地，分为一类工业用地、二类工业用地、三类工业用地、农业服务设施用地。

其中，一类工业用地是指对居住和公共环境基本无干扰、无污染的工业，如缝纫、工艺品制作等工业用地；二类工业用地是指对居住和公共环境有一定干扰和污染的工业，如纺织、食品、机械等工业用地；三类工业用地是指对居住和公共环境有严重干扰、污染和易燃易爆的工业，如采矿、冶金、建材、造纸、制革、化工等工业用地；农业服务设施用地是指各类农产品加工和服务设施用地；不包括农业生产建筑用地。

对于一类工业用地，可布置在居住用地或公共设施用地附近；对于二、三类工业用地，应布置在常年最小风向频率的上风侧及河流的下游，对已造成污染的二类、三类工业项目必须迁建或调整转产；对新建的工业项目，则应集中建设在规划的镇工业用地中。

镇区工业用地在规划布局时，同类型的工业用地应集中分类布置，协作密切的生产项目应邻近布置，相互干扰的生产项目应予分隔；工业用地应紧凑布置建筑，宜建设多层厂房；并且有良好的能源、供水和排水条件以及便利的交通和通信设施；设置防护绿带和绿化厂区；城镇工业用地内的各生产企业，公用工程设施和科技信息等项目宜共建共享。

对农业生产服务设施用地，则应方便作业、运输和管理；对养殖类的生产厂（场）等的选址还应满足卫生和防疫要求，布置在镇区和村庄常年盛行风向的侧风位和通风、排水条件良好的地段；兽医站应布置在镇区的边缘。

4. 绿地规划

城镇绿地是指用以栽植树木花草和布置配套设施，基本上由绿色植物所覆盖，并赋以一定的功能与用途的场地。城镇绿地是构成城镇自然环境基本的物质要素，同时城镇绿地的质和量乃是反映城镇生态质量、生活质量和城镇文明的标志之一。城镇绿地作为城镇用地的组成部分，它通过与各类用地的组合与配置，呈现某种分布与构成形态，使其发挥多方面的功能作用，是优化城镇生态环境，实施城镇可持续发展的重要战略与行动。镇域绿地规划应根据地形地貌、现状绿地的特点和生态环境建设的要求，结合用地布局，统一安排公共绿地、防护绿地、各类用地中的附属绿地以及镇区周围环境的绿化，形成绿地系统。

城镇公共绿地主要包括镇区级公园、街区公共绿地以及路旁、水旁宽度大于5m的绿带，涵盖以下绿地类型：公园绿地、生产绿地、防护绿地、居住绿地、附属绿地、生态景观绿地。

4.6.3 城镇总体布局的方案比选

城镇总体布局不仅关系到城镇各项用地的功能组织和合理布置，也影响城镇建设投资的经济效益，并涉及许多的城镇问题。因此，在进行城镇总体布局时一般需要几个不同的规划方案，综合比较分析各种城镇总体布局规划方案的优缺点，探求一个经济上合理、技术上先进的最佳方案。

方案比较应围绕着城镇规划与建设的主要矛盾来进行，考虑的范围与解决的问题，可以由大到小、由粗到细，分层次、分系统、分步骤地逐个解决。对影响城镇规划布局的关键问题，提出不同解决措施的多个方案，每个方案应有解决问题的明确指导思想，明显的针对性和鲜明的特点，而且是符合实际、有可行性的。每个城镇建设中都有很多关键性问题，如交通道路问题（尤其是山区城镇）、环境问题、水资源不足、土地资源不足等。需要对重点的单项工程，诸如产业结构调整的方向、重要对外交通设施的选址、道路系统的组合等进行深入的专题研究。在多方案比较中，首先要分析影响城镇总体布局中的关键性问题，其次还必须研究解决问题的方法和措施是否可行。

总体布局方案中，可对不同方案的各种比较条件用扼要的文字或数据加以说明，并将主要的可比内容绘制成表，按不同方案分项填写，以便于进行比较。城镇总体布局方案比较的内容，通常可归纳为以下十个方面：

（1）地理位置及工程地质条件：说明其地形、地下水位、土质承载力大小等情况。

(2) 占地和动迁情况：各方案用地范围和占用耕地情况，需要动迁的户数以及占地后对农村的影响，在用地布局上拟采取的补偿措施、费用要求。

(3) 生产协作：工业用地的组织形式以及在城镇布局中的特点，重点工厂的位置，工厂之间在原料、动力、交通运输、厂外工程、生活区等方面的协作条件。

(4) 交通运输：包括过境公路交通对城镇用地布局的影响，长途汽车站、加油站位置的选择及与城镇干道的交通联系情况；城镇道路系统是否明确、完善，居住区、城镇中心、车站等之间的联系是否方便、安全。

(5) 环境保护：工业“三废”及噪声等对城镇的污染程度，城镇用地布局与自然环境的结合情况。

(6) 居住用地组织：居住用地的选择和位置恰当与否，用地范围与合理组织居住用地之间的关系，各级公共建筑的配置情况。

(7) 防洪、防震、人防工程措施：各方案的用地是否有被洪水淹没的可能，防洪、防震、人防等工程方面所采取的措施以及所需的资金和材料。

(8) 市政工程及公用设施：给水、排水、电力、电信、供热、燃气以及其他设施的布置是否经济合理。包括水源地和水厂位置的选择、给水和排水管网系统的布置、污水处理及排放方案、变电站位置、高压线走廊及其长度等工程设施逐项的比较。

(9) 城镇总体布局：城镇用地选择与规划结构合理与否，城镇各项主要用地之间的关系是否协调，在处理市区和郊区、近期与远景、新建与改建、需要与可能、局部与整体等关系中的优缺点，如在原有旧城附近发展新区，则需比较旧城利用的情况。此外，城镇总体布局中的艺术性构思，也应纳入规划结构的比较。

(10) 城镇造价：估算近期建设的总投资，估算各方案的近期造价和总投资。

方案比较是一项复杂的工作，由于每个方案都有其特点，在确定方案时要对各个方案的优缺点加以综合评定，取长补短，归纳汇总，进一步提高。在方案比较中，表述上述几项内容，力求文字条理清楚、数据清楚明了，分析图纸形象深刻。方案比较所涉及的问题是多方面的，要根据城镇的具体情况有所取舍，区别对待。同时，要注意方案比较一定是要抓住对城镇发展起主要作用的因素进行评定和比较。城镇总体布局的合理性在于综合优势，要从环境、经济、技术、艺术等方面比较方案，经充分讨论并综合各方面意见，然后确定以某一方案为基础，并吸取其他方案的优点后，进行归纳、修改、补充和汇总，提出优化方案。

本章小结

城镇总体规划是从城镇整体的角度出发，制订出战略性的、能指导与控制城镇发展和建设的蓝图，它是城镇规划工作体系中的高层次规划，是编制各项城镇专项规划和地区详细规划的基础和依据，是城镇规划综合性、整体性、政策性和法制性的集中表现。城镇总体规划同区域规划、国民经济和社会发展规划以及土地利用总体规划之间有着密切的联系，它们都具有战略性规划的特点。

在总体规划的发展战略研究阶段，需要研究城镇职能，确定城镇性质，预测城镇规模。在城镇总体布局阶段，则需要综合协调城镇功能、结构和形态之间的关系，依据不同功能要素的布局要求合理规划不同的用地性质，并在此基础之上，进行多方案比较，选择最佳方案。

随着目前我国经济社会的快速转型，对城镇总体规划的编制和实施也提出了新的要求。应加强城镇总体规划的公共政策属性，加强城镇长远发展战略与近期建设规划之间的衔接与协调，并在具体的实施过程中促进更大范围的公共参与。

拓展学习推荐书目

[1]（加拿大）雅各布斯（Jane Jacobs）（作者），金衡山（译）. 美国大城市的死与生 [M]. 北京：译林出版社，2006.

[2] 孙施文，桑劲. 理想空间 54：城市规划评价 [M]. 上海：同济大学出版社，2012.

思考题

1. 城镇总体规划与土地总体规划的差异与联系？
2. 城镇规模是指什么？
3. 评价城镇总体规划方案主要从哪几方面考虑？

5 城镇详细规划

完成了城镇总体规划，对城镇的发展规模和发展方向、土地利用、空间布局等做出综合部署之后，就必须对城镇各部分的土地利用及建设情况做出具体的规划，这就是城镇详细规划。

城镇详细规划是以城镇总体规划为依据，对一定时期内城镇局部地区的土地利用、空间环境和各项建设用地所作的具体安排，是按城镇总体规划要求，对城镇局部地区近期需要建设的房屋建筑、市政工程、公用事业设施、园林绿化、城镇人防工程和其他公共设施做出具体布置的规划。它包括城镇控制性详细规划和修建性详细规划两个层面。本章主要讲述控制性详细规划。

5.1 控制性详细规划概述

控制性详细规划，简称控规，其主要的工作内容包括地块的用地使用控制和环境容量控制，建筑建造的控制，城市设计的引导，市政工程设施和公共服务设施的配套以及交通活动控制和环境保护相关规定等，并针对不同地块、不同建设项目，通过指标量化、图则限定、条文规定等方式对各控制要素进行定性、定位和定界的控制或引导。

镇人民政府根据镇总体规划的要求，组织编制镇的控制性详细规划，报上一级人民政府审批。县人民政府所在地镇的控制性详细规划，由县人民政府城乡规划主管部门根据镇总体规划的要求组织编制，经县人民政府批准后，报本级人民代表大会常务委员会和上一级人民政府备案。

控制性详细规划作为一种切实有效、实施有力的规划手段，已经成为城镇规划建设的一个有效工具。作为规划设计与建设管理的桥梁，控制性详细规划将城镇总体规划以及社会经济各部门计划，以图文方式落实，成为城镇规划管理的重要手段。经审批通过的控制性详细规划，是政府实施规划管理的核心层次和最主要的依据。

控制性详细规划在整个规划体系以及在城镇规划建设中所起的作用主要体现在：

（1）体现规划的连续性。控制性详细规划作为衔接城镇总体规划和场地设计的一个重要环节，以量化指标将总体规划的原则、意图、宏观规划转化为对城镇建设地块的可操作的指标，使规划建设和规划管理、城镇土地开发相衔接。

（2）作为规划管理的依据。城镇总体规划是对城镇发展宏观层面的把控，就具体的城镇规划管理，控制性详细规划才是管理的依据。控规将规划控制要点以简练、明确的方式表达出来，作为建设开发、土地出让的依据，也是进行建设项目行政许可的依据。

（3）城镇公共政策的载体。控制性详细规划是管理城镇开发建设、土地资源利用的一项公共政策，包含了城镇用地结构、产业结构、人口的空间分布、生态环境保护等方面的政策性内容。

（4）提出城市设计的构想。控制性详细规划通过对地块开发的控制，体现了对建筑环境、景观等的美学及空间设计的思想，为城市设计、环境景观设计、建筑单体设计提出了构想。

5.2 控制性详细规划的规划内容

5.2.1 编制内容

控制性详细规划应当包括下列内容：

（1）确定规划范围内不同性质用地的界线；确定各类用地内适建、不适建或者有条件地允许建设的建筑类型。

（2）确定各地块的建筑限高、建筑密度、容积率、绿地率等控制指标；确定公共设施配套要求、交通出入口方位、停车泊位、建筑后退红线距离等要求。

（3）提出各地块的建筑体量、体型、色彩等城市设计指导原则。

（4）根据交通需求分析，确定地块出入口位置、停车泊位、公共交通场站用地范围和站点位置、步行交通以及其他交通设施；规定各级道路的红线、断面、交叉口形式及渠化措施、控制点坐标和标高。

（5）根据规划建设容量，确定市政工程管线位置、管径和工程设施的用地界线，进行管线综合；确定地下空间开发利用具体要求。

（6）制定相应的土地使用与建筑管理规定。

从规划管理的角度去看，任何城镇开发建设活动，不管是区块综合开发还是建筑单体建设，对其进行有效管理无外乎六个方面，即：土地使用、环境容量、建筑建造、城市设计引导、配套设施、行为活动。对这六个方面的活动进行约束和管理，是城镇规划管理的主要工作。作为规划管理主要依据的控制性详细规划，其控制内容也主要体现在这六大方面。表5–1控制性详细规划控制体系结构表反映了其内在联系。

控制性详细规划控制体系结构表 **表5–1**

土地使用	用地面积
	用地边界
	土地使用性质
	土地使用兼容性
环境容量	容积率
	建筑密度
	绿地率
	居住人口密度
建筑建造	建筑限高
	建筑后退距离
	建筑间距

续表

城市设计引导	建筑体量
	建筑形式与风格
	建筑色彩
	建筑空间围合与建筑小品
配套设施	市政设施
	公共设施
行为活动	交通活动
	环境保护规定

其中，各地块的主要用途、建筑密度、建筑高度、容积率、绿地率、基础设施和公共服务设施配套规定是控制性详细规划的强制性内容。

表 5–1 所列的控制体系可以形成一套控制性详细规划的指标群，这一系列指标又可分为规定性指标和引导性指标两大类。

规定性指标，又称指令性指标，在城镇规划建设过程中必须遵照执行，不得任意更改。这一类指标包括：用地面积、用地性质、容积率、建筑密度、绿地率、建筑限高、建筑后退距离、部分交通活动的规定（如出入口位置、禁止开口路段、停车泊位数）、市政设施配套、部分公共设施配套（如中小学、幼托）。

引导性指标，又称指导性指标，不具备强制执行的效力，在规划管理过程中可以参照执行。这一类指标包括：居住人口密度、建筑体量、建筑形式与风格、建筑色彩，一些环境保护的规定要求，也可根据具体情况因地制宜地加以设置。

这些指标会体现在规划文本中，其中规定性指标也会以分图则的形式体现。分图则是控制性详细规划图纸的重要组成部分。

控规文本要求对规划范围内的全部地块都进行明确的规划界定，分图则要求全覆盖。这样，下一步规划管理的各项工作就能够据此开展。

5.2.2 控制指标

控制性详细规划由一系列控制指标构成今后的规划依据，主要的几项包括：

1. 用地面积与用地边界

用地面积，即建设用地面积，它是土地开发、城镇建设、土地出让等建设活动的一项重要指标。用地面积即指由规划行政部门确定的建设用地边界线所围合的用地的水平投影面积。它是控规中许多规定性指标（如容积率、绿地率、建筑密度等）的计算基础。

和用地面积密切相关的就是用地边界指标，是规划用地与城镇其他用地的分界线。用地边界围合形成的面积即用地面积。

2. 用地性质

用地性质就是规划区内各地块土地的使用用途，如居住用地、绿地等。这是一项非常重要的用地控制指标，关系到城镇的功能布局形态。根据《镇规划标准》GB 50188—2007，城镇各用地地块按土地使用的主要性质可以划分为：居住用地、公共设施用地、生产设施用地、仓储用地、对外交通用地、道路广场用地、工程设施用地、绿地、水域和其他用地9大类、30小类，分别用不同的字母和数字在图上表示（表5–2）。

城镇用地性质的分类 **表5–2**

类别代号		类别名称	范围
大类	小类		
R		居住用地	各类居住建筑和附属设施及其间距和内部小路、场地、绿化等用地；不包括路面宽度等于和大于6m的道路用地
	R1	一类居住用地	以一至三层为主的居住建筑和附属设施及其间距内的用地，含宅间绿地、宅间路用地；不包括宅基地以外的生产性用地
	R2	二类居住用地	以四层和四层以上为主的居住建筑和附属设施及其间距、宅间路、组群绿化用地
C		公共设施用地	各类公共建筑及其附属设施、内部道路、场地、绿化等用地
	C1	行政管理用地	政府、团体、经济、社会管理机构等用地
	C2	教育机构用地	托儿所、幼儿园、小学、中学及专科院校、成人教育及培训机构等用地
	C3	文体科技用地	文化、体育、图书、科技、展览、娱乐、度假、文物、纪念、宗教等设施用地
	C4	医疗保健用地	医疗、防疫、保健、休疗养等机构用地
	C5	商业金融用地	各类商业服务业的店铺，银行、信用、保险等机构及其附属设施用地
	C6	集贸市场用地	集市贸易的专用建筑和场地；不包括临时占用街道、广场等设摊用地
M		生产设施用地	独立设置的各种生产建筑及其设施和内部道路、场地、绿化等用地
	M1	一类工业用地	对居住和公共环境基本无干扰、无污染的工业，如缝纫、工艺品制作等工业用地
	M2	二类工业用地	对居住和公共环境有一定干扰和污染的工业，如纺织、食品、机械等工业用地
	M3	三类工业用地	对居住和公共环境有严重干扰、污染和易燃易爆的工业，如采矿、冶金、建材、造纸、制革、化工等工业用地
	M4	农业服务设施用地	各类农产品加工和服务设施用地；不包括农业生产建筑用地
W		仓储用地	物资的中转仓库、专业收购和储存建筑、堆场及其附属设施、道路、场地、绿化等用地
	W1	普通仓储用地	存放一般物品的仓储用地
	W2	危险品仓储用地	存放易燃、易爆、剧毒等危险品的仓储用地

续表

类别代号		类别名称	范　围
大类	小类		
T		对外交通用地	镇对外交通的各种设施用地
	T1	公路交通用地	规划范围内的路段、公路站场、附属设施等用地
	T2	其他交通用地	规划范围内的铁路、水路及其他对外交通路段、站场和附属设施等用地
S		道路广场用地	规划范围内的道路、广场、停车场等设施用地，不包括各类用地中的单位内部道路和停车场地
	S1	道路用地	规划范围内路面宽度等于和大于6m的各种道路、交叉口等用地
	S2	广场用地	公共活动广场、公共使用的停车场用地，不包括各类用地内部的场地
U		工程设施用地	各类公用工程和环卫设施以及防灾设施用地，包括其建筑物、构筑物及管理、维修设施等用地
	U1	公用工程用地	给水、排水、供电、邮政、通信、燃气、供热、交通管理、加油、维修、殡仪等设施用地
	U2	环卫设施用地	公厕、垃圾站、环卫站、粪便和生活垃圾处理设施等用地
	U3	防灾设施用地	各项防灾设施的用地，包括消防、防洪、防风等
G		绿地	各类公共绿地、防护绿地；不包括各类用地内部的附属绿化用地
	G1	公共绿地	面向公众、有一定游憩设施的绿地，如公园、路旁或临水宽度等于和大于5m的绿地
	G2	防护绿地	用于安全、卫生、防风等的防护绿地
E		水域和其他用地	规划范围内的水域、农林用地、牧草地、未利用地、各类保护区和特殊用地等
	E1	水域	江河、湖泊、水库、沟渠、池塘、滩涂等水域；不包括公园绿地中的水面
	E2	农林用地	以生产为目的的农林用地，如农田、菜地、园地、林地、苗圃、打谷场以及农业生产建筑等
	E3	牧草和养殖用地	生长各种牧草的土地及各种养殖场用地等
	E4	保护区	水源保护区、文物保护区、风景名胜区、自然保护区等
	E5	墓地	
	E6	未利用地	未使用和尚不能使用的裸岩、陡坡地、沙荒地等
	E7	特殊用地	军事、保安等设施用地；不包括部队家属生活区等用地

（资料来源：《镇规划标准》GB 50188—2007）

控制性详细规划中，明确规划范围内的所有建设用地的性质，并按国家有关规范的规定，以图纸的形式表达，这就是控规的土地使用规划图。图5-1是云南省某地控制性详细规划的土地使用规划图。

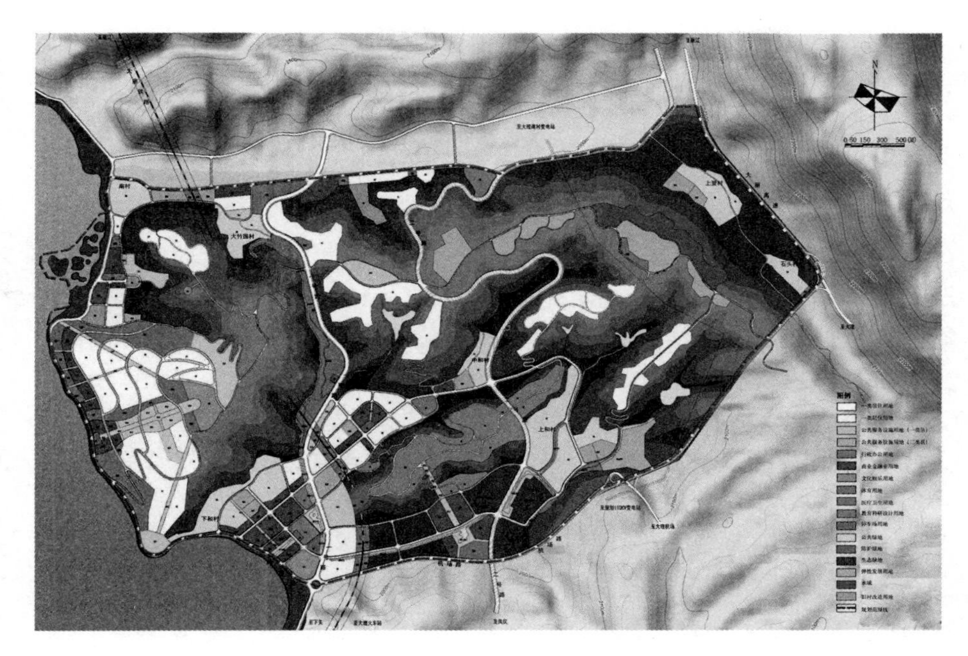

图 5–1　云南省某地控制性详细规划的土地使用规划图

在城镇规划建设过程中，还有一个土地使用兼容性的概念。由用地性质与该用地上的建筑物适建表相配合，给予规划管理者在实际操作中一定的灵活性。例如在一些地块的控制性详细规划中，对文体科技用地（C3）允许设置中小学，有条件设置办公建筑，不允许设置农贸市场，这就是对用地性质的土地使用兼容性规定。

3. 容积率

容积率，又称建筑面积密度，是衡量土地开发强度的一个重要指标，是指用地范围内，各类建筑的建筑面积总和与基地面积的比值。容积率只是一个比值，没有单位。

$$容积率=\frac{总建筑面积\ (m^2)}{场地总用地面积\ (m^2)}$$

通常在规定容积率时，总建筑面积仅指地块内地面以上的建筑，而不包括地下建筑的面积。

容积率可以根据需要，设置上限和下限。设置容积率上限可以防止过度开发带来的基础设施超负荷运行和环境质量下降。设置容积率下限可以综合考虑征地价格和建筑租金的关系，保证房产开发的利益，同时也可以防止土地的浪费。

容积率指标是控制地块开发强度、衡量地块开发的经济效益、评价环境质量的一个综合性关键指标。容积率高，说明单位面积的地块内建造了更多的建筑，土地的经济效益好。但是，容积率过高也反映了地块内建筑物密集，日照、通风、绿化等的效果不好，环境效益降低。在控制性详细规划中或者在土地审批时，规划管理部门会给出地块的容积率控制指标，作为地块的规划设计条件，必须严格遵守。

4. 建筑密度

是指规划地块内所有建筑物的基底总面积占地块总用地面积的比例（%），即：

$$建筑密度=\frac{建筑基底总面积（m^2）}{场地总面积（m^2）}\times 100\%$$

其中的建筑基底总面积按建筑的底层总建筑面积计算。

建筑密度指标表明了地块被建筑物占用的比例，即建筑物的密集程度。这一指标反映了两个方面的含义：一方面，反映了地块的使用效率，该指标越高，地块内用于建造建筑物的土地越多，土地使用效率越高，经济效益越好；另一方面，反映了地块的空间状况和环境质量，该指标越高，地块内的室外空间越少，可用于室外活动和绿化的土地越少，通常情况下地块的环境质量越差。

5. 绿地率

绿地率是指地块内绿化用地总面积占地块总用地面积的比例（%），即：

$$绿地率=\frac{绿化用地总面积（m^2）}{场地用地总面积（m^2）}\times 100\%$$

绿地率指标以控制下限为准，是保证地块环境质量的一个关键指标，与建筑密度、容积率等指标反向相关。

6. 建筑限高

建筑物高度一般是指建筑物散水外缘处的室外地坪至建筑物顶部女儿墙（平屋顶）或檐口（坡屋顶）的高度。它反映了土地利用情况，影响地块的空间形态，也会影响到周边地块的使用及街道和整个区块空间形态的控制。同时，在城镇规划中，常常会因为机场、电台、电信、微波通信、气象台、卫星地面站、军事要塞工程等周围建筑的净空要求，历史文化保护区的规划要求，景观走廊的视线要求，街景规划的天际线要求，以及空间形态的整体控制和土地利用的经济性要求等因素，对地块内建筑物进行限高控制。

建筑限高是指地块内建筑物的高度不得超过一定的控制高度。对于城镇的一般地区，建筑物局部突出屋面的楼梯间、电梯机房、水箱间、烟囱、空调冷却塔等突出物不计入建筑高度内。但对于建筑保护区或建筑控制地区，上述突出部分计入建筑控制高度，即按建筑物室外地面至建筑物最高点的高度计算。

7. 建筑后退距离

建筑后退是指建筑物相对于规划地块的边界和各类规划控制线的后退距离，它是一个包含地面、空中及地下的竖直的面，即不仅是建筑物的占地，还包括建筑物空中悬挑、地下结构部分，都应满足建筑后退距离。

控规规定建筑后退距离，是为了避免相邻地块建设活动发生混乱、保证必要的安全距离，也为了保证必要的公共空间和景观需要而设。对多层建筑和高层建筑，通常后退的距离是不同的。

8. 配建停车泊位数

停车场（库）的建设是城镇交通基础设施的重要组成部分，而且随着各地汽车保有量的不断上升，停车位问题日益突出。控规要求对规划地块根据不同建设情况配建停车位，包括机动车车位数和非机动车车位数。

9. 公共服务设施的设置

公共服务设施包括行政办公、商业金融、医疗、教育、体育、文化等设施，是保障生产生活各类公共服务的场所。在控制性详细规划阶段，就公共服务设施的设置主要是两方面的工作：一方面要使城镇总体规划中确定的镇一级的各类公共服务设施落实到具体的地块，对每个建设项目"定性、定量、定位"地予以规划控制；另一方面是根据控规的用地规划，为满足居民基本的物质与文化生活需要而配置的基层公共服务设施。

控规需设置的公共服务设施包括行政管理类设施、教育机构类设施、文体科技类设施、医疗保健类设施、商业金融类设施、集贸市场类设施，具体按千人指标、服务半径、建筑规模等指标控制。

10. 市政设施的配套

控制性详细规划中的市政设施配套，就是在控规层面对规划范围内的给水、排水、供电、通信、燃气、供热等市政设施进行安排；对规划范围内的环卫、防灾等工程进行规划控制。

上述控制指标以图纸形式反映，主要表现为分图则。图 5-2 是云南省某新城片区控制性详细规划的分图则，反映了规划范围内各建设用地的指标控制。

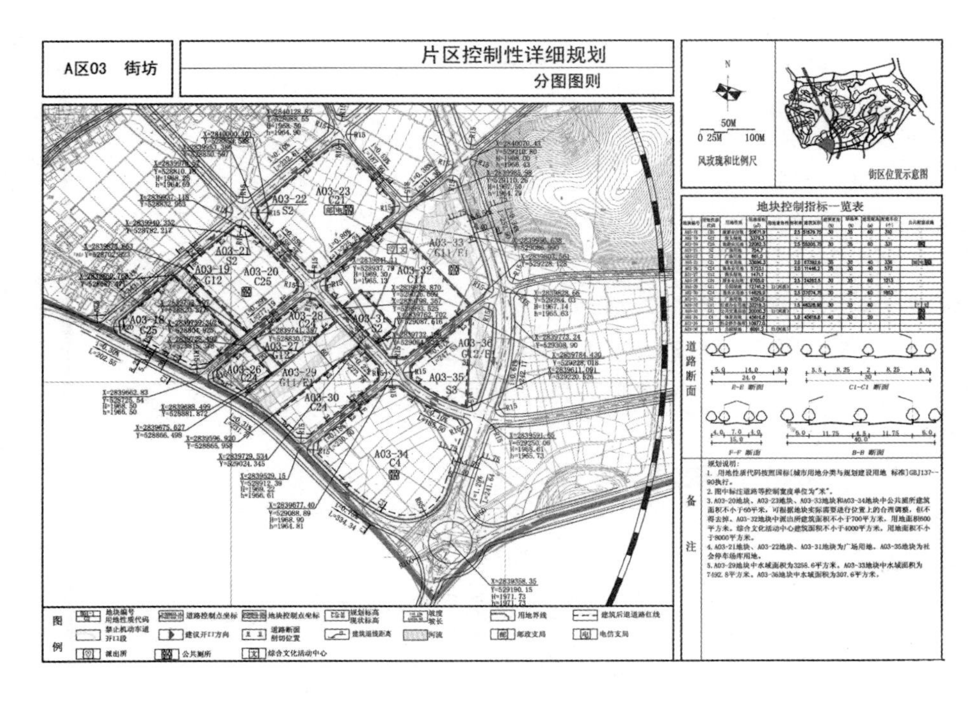

图 5-2 云南省某新城片区控制性详细规划分图则

5.3 控制性详细规划的成果要求

控制性详细规划的成果由文本、图件和附件组成。图件由图纸和图则组成，附件包括规划说明及基础资料。

5.3.1 规划图纸

控制性详细规划的图纸部分主要包括：

(1) 区域位置图（区位图），图纸比例不限：标明规划用地在城市中的地理位置，与周边主要功能区的关系以及规划用地周边重要的道路交通设施、线路及地区可达性状况。

(2) 规划用地现状图（图纸比例 1 ： 1000 ～ 1 ： 2000）：标明土地利用现状、建筑物状况、人口分布状况、公共服务设施现状、市政公用设施现状。

(3) 土地使用规划图（1 ： 1000 ～ 1 ： 2000）：规划各类用地的界限，规划用地的分类和性质、道路网络布局，公共设施位置；须在现状地形图上标明各类用地的性质、界线和地块编号，道路用地的规划布局结构，表明市政设施、公用设施的位置、登记、规模以及主要规划控制指标。

(4) 道路交通及竖向规划图(1 ： 1000 ～ 1 ： 2000)：确定道路走向、线性、横断面、道路交叉口坐标、标高、停车场和其他交通设施位置及用地界线，各地块室外地坪规划标高。

(5) 公共服务设施规划图(1 ： 1000 ～ 1 ： 2000)：标明公共服务设施位置、类别、等级、规模、分布、服务半径以及相应建设要求。

(6) 工程管线规划图（1 ： 1000 ～ 1 ： 2000)：各类工程管网平面布置、管径、控制点坐标和标高，具体分为给水排水、电力电信、热力燃气、管线综合等。

(7) 环卫、环保规划图(1 ： 1000 ～ 1 ： 2000)：标明各种卫生设施的位置、服务半径、用地、防护隔离设施带等。

(8) 地块划分编号图（1 ： 5000）：标明地块划分具体界限和地块编号，作为地块图则索引。

(9) 地块控制图则(比例1 ： 1000 ～ 1 ： 2000)：表示规划道路的红线位置，地块划分界限、地块面积、用地性质、建筑密度、建筑高度、容积率等控制指标，并标明地块编号。一般分为总图图则和分图图则两种。地块图则应在现状图上绘制，便于规划内容与现状进行对比。

图 5–3 ～图 5–7 是浙江省某城镇区块控制性详细规划的主要图纸。

5.3.2 规划文本与说明书

控制性详细规划的文本，是规划管理的主要依据，它主要包括以下章节：总则；规划目标、功能定位、规划结构；土地使用；道路交通；绿化与水系；

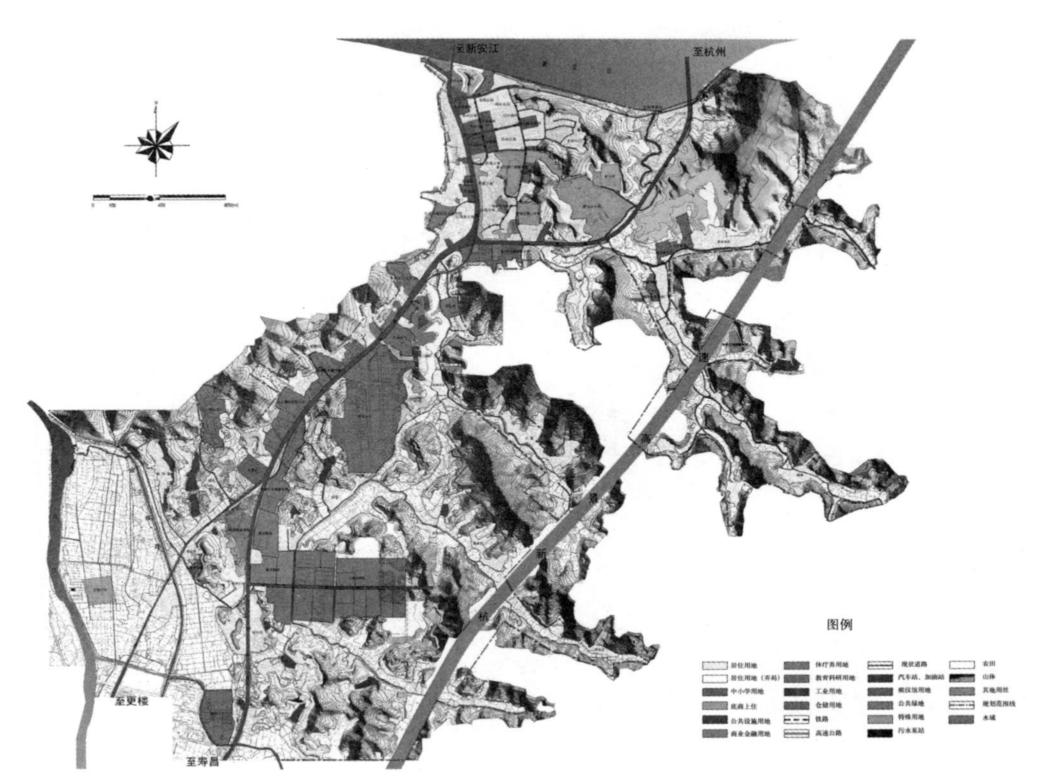

图 5-3　浙江省某城镇控制性详细规划——用地现状图

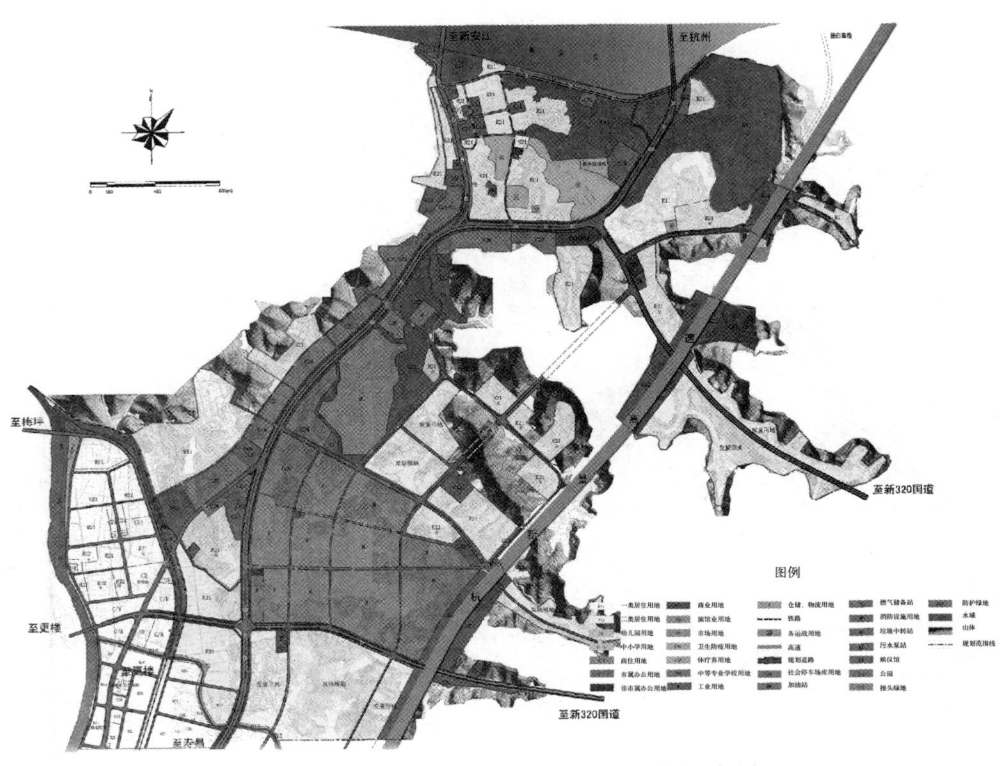

图 5-4　浙江省某城镇控制性详细规划——土地使用规划图

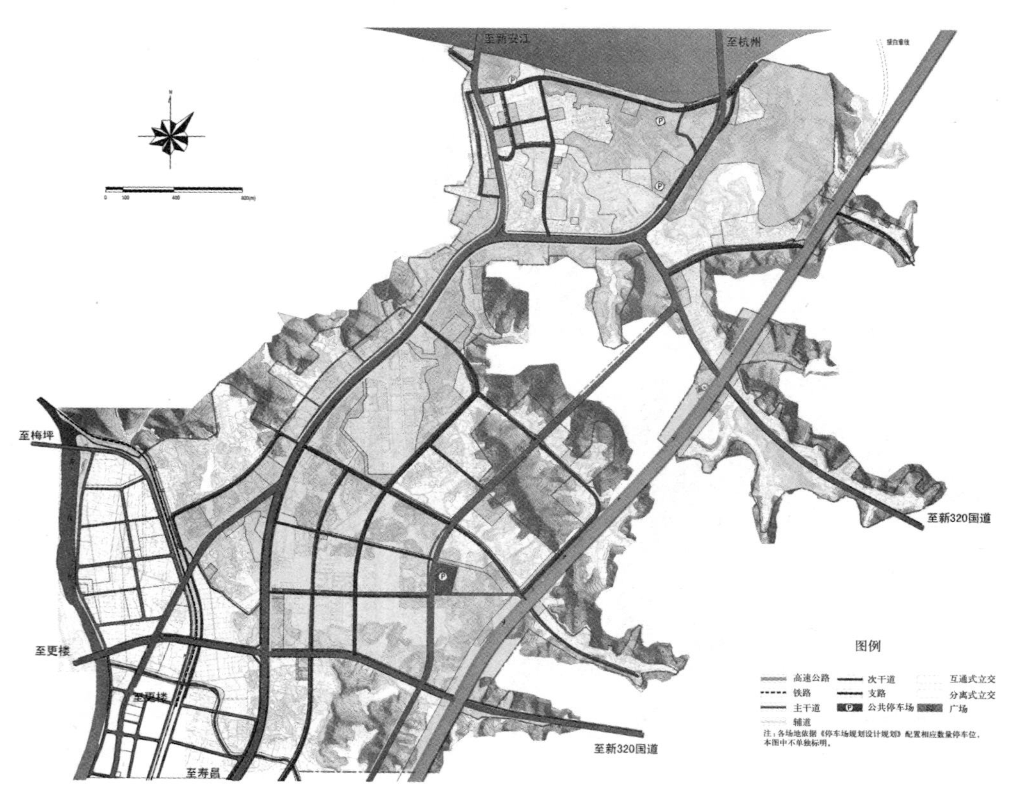

图 5-5　浙江省某城镇控制性详细规划——道路交通规划图

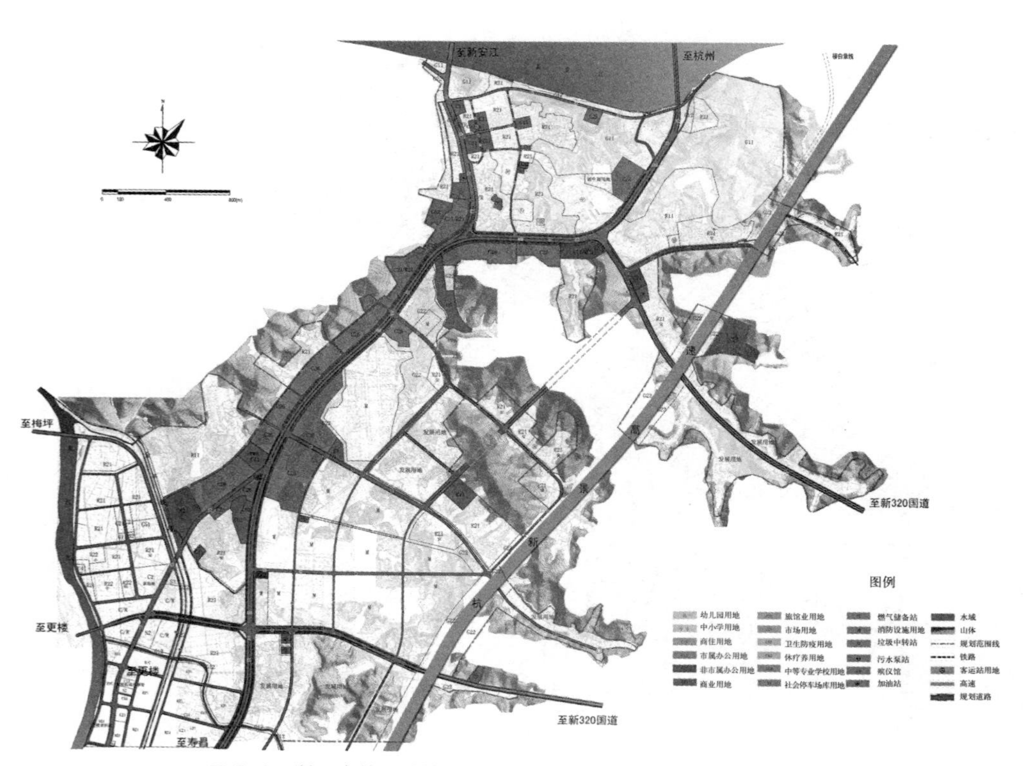

图 5-6　浙江省某城镇控制性详细规划——公共服务设施规划图

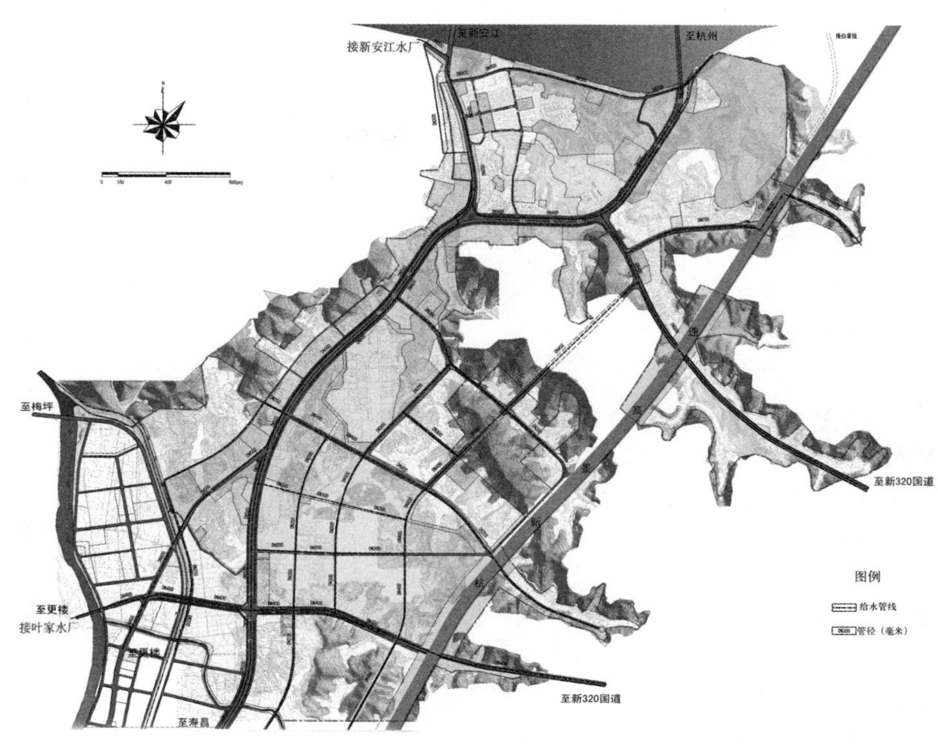

图 5–7　浙江省某城镇控制性详细规划——给水工程规划图

公共服务设施规划；五线规划①；市政工程管线；环卫、环保及防灾等控制要求；城市设计引导；土地使用和建筑建造通则；其他事项。

控制性详细规划的说明书，是文本的技术支撑，主要内容是分析现状、论证规划意图、解释规划文本等，它为修建性详细规划的编制以及规划审批和管理实施，提供全面的技术依据。

控规的文本和说明书是控规成果的两个部分，两者的区别主要表现在下面几个方面：

（1）从内容的详细程度来看，文本一般简要阐述结果；而说明书则详细阐述文本中的相关条文，解释图件中的有关内容；

（2）从文字的表现形式来看，文本以条文形式表达，说明书以章节形式表达；

（3）从法律的效力来看，文本具有法律约束力，说明书不具有法律效力，它是对规划做出的具体说明；

（4）从措辞的程度来看，文本的语言比较确定、严谨，具有模糊空间的词语一般不用，而说明书则有较大的语言表达空间，描述时并不特意强调严谨。

以下是图 5–2 地块的控制性详细规划的规划文本目录。

① 规划中称用地控制线为红线；市政设施用地及点位控制线为黄线；绿化控制线为绿线；水域用地控制线为蓝线；文物用地控制线为紫线。

某城镇控制性详细规划　文本

第一章　总则

第二章　土地使用及建筑规划管理规定

第一节　土地使用性质分类及控制

第二节　土地使用强度控制

第三节　建筑间距及高度控制

第四节　建筑退让距离控制

第五节　道路交通设施控制

第六节　配套公共设施控制

第七节　绿地控制

第八节　五线控制管理

第三章　发展规划和用地布局

第一节　发展规划

第二节　用地布局规划

第三节　道路交通规划

第四节　平面定位与竖向设计

第五节　空间景观与环境保护规划

第四章　市政工程规划

第一节　给水工程规划

第二节　排水工程规划

第三节　电力工程规划

第四节　通信工程规划

第五节　燃气工程规划

第六节　工程管线综合规划

第七节　环境卫生设施规划

第五章　综合防灾规划

第六章　奖励与惩罚

附表 1　规划用地一览表

附表 2　地块控制指标一览表

以下是该地块的控制性详细规划的规划说明书目录。

某城镇控制性详细规划　说明

一、规划背景和依据

（一）规划背景

（二）规划依据

（三）对市域总规的分析
（四）对相关文件的分析
（五）有关说明

二、基地分析

（一）规划范围
（二）区位条件
（三）与周边区块的关系
（四）现状用地情况
（五）现状人口情况
（六）基地情况分析

三、规划构思与总体布局

（一）功能定位
（二）规划目标
（三）规划理念与策略
（四）重点问题研究
（五）对市域总规的部分调整
（六）规划用地结构

四、道路交通规划

（一）道路交通结构
（二）城市道路系统
（三）广场及停车场
（四）公共交通系统规划
（五）其他交通设施

五、空间景观规划

（一）景观设计理念
（二）规划手法
（三）空间景观结构
（四）城市景观区空间规划

六、绿地系统规划

（一）山林绿化
（二）滨水绿化
（三）防护绿地
（四）公共集中绿地

七、配套设施规划

（一）公共设施
（二）市政公用设施
（三）环境卫生设施
（四）无障碍设计

八、地块划分与规划控制指标

（一）用地分类及地块划分

（二）规划控制指标体系

九、平面定位与竖向规划

（一）平面定位

（二）竖向规划

十、城市设计研究

（一）重点地段城市设计

（二）规划区城市设计的内容

十一、工程规划

（一）给水工程规划

（二）排水工程规划

（三）电力工程规划

（四）通信工程规划

（五）燃气工程规划

（六）工程管线综合规划

十二、防灾规划

（一）地质灾害防治

（二）防洪防汛

（三）消防设施

（四）人防规划

（五）抗震规划

十三、规划实施措施

（一）分期实施步骤

（二）农村居民点改造

（三）建设的保障体系

附录一：规划方案比较

附录二：规划人口容量测算

5.4 修建性详细规划的编制内容

5.4.1 规划任务

修建性详细规划，简称修规。主要任务是为了满足上一层次规划的要求，直接对建设项目做出具体的安排和规划设计，并为下一层次的建筑、园林和市政工程设计提供依据。对于当前要进行建设的地区，应当编制修建性详细规划，用以指导各项建筑和工程设施的设计和施工。修建性详细规划应当符合控制性详细规划的相关规定。

对于城镇的重要地段，如城镇中心区、交通枢纽、历史文化街区、景观风貌区等，可以由镇人民政府组织编制修建性详细规划。其他地块的修建性详细规划则由建设单位组织编制。

5.4.2 规划内容

修建性详细规划是在控制性详细规划所确定的规划条件下编制，直接对建设项目和周围环境进行具体的安排和设计。其作用主要是确定各类建筑、各项基础工程设施、公共服务设施的具体配置，并根据建筑和绿化空间布局进行环境景观设计，为接下去的各项建筑工程设计提供依据。

修建性详细规划的内容包括：

（1）建设条件分析及综合技术经济论证，根据地区功能性质，经过实地调查，收集人口、土地利用、建筑、市政工程现状及建设项目、开发条件等资料进行综合分析和技术经济论证，确定规划原则及指导思想，选定用地定额指标。

（2）确定规划区内部的布局结构和道路系统，对建筑、道路、绿地等作出功能布局和环境规划设计，对住宅、医院、学校和托幼等建筑进行日照分析，确定工厂、住宅、公共设施、交通、园林绿化及市政工程、消防、环卫等设施的建筑空间具体布局及用地界线。

（3）根据交通影响分析，提出交通组织方案和设计，确定规划区内道路走向、红线宽度、横断面形式、控制点的坐标及标高。

（4）确定规划区内给水、排水、电力、电信及煤气等工程管线及构筑物位置、用地、容量和走向，进行市政工程管线综合。

（5）确定规划区内园林绿地分类、分级及其位置、范围，布置城市景观的控制区、点，规划区的景观规划设计。

（6）进行竖向规划设计，确定用地内的竖向标高、坡度、主要建筑物、构筑物标高。

（7）估算综合建设投资及工程量，估算拆迁量和总造价，分析投资效益；提出有关实施措施的建议。

5.5 修建性详细规划的成果要求

修建性详细规划的成果包括规划设计说明书和规划图纸。

其中，说明书的内容包括：现状条件分析、对规划地块现状及存在问题的分析、规划原则和总体构思、用地布局、空间组织和景观特色、道路和绿地系统规划、各项工程管线规划、竖向规划、主要技术经济指标（总用地面积、总建筑面积、地下建筑面积、建筑密度、容积率、绿地率、公共绿地面积、人均公共绿地面积、地上泊车数量、地下泊车数量、人口规模、总户数、居住建筑面积、居住人口毛密度、居住人口净密度等）、用地平衡表与主要技术经济指标、估算工程量、拆迁量、投资估算等。

规划图纸包括：现状图、区位图、规划总平面图（图 5–8）、道路交通规划图、绿化配置规划图、用地竖向规划图、综合工程管网规划图，图纸比例为 1 ： 500 ～ 1 ： 2000；表达规划设计意图的鸟瞰图、建筑单体选型方案、主要建筑的平、立、剖面图等。其中：

（1）规划用地现状图及分析图，一般应包括地形、地貌、高程、管线、现状建筑物（构筑物）位置、使用性质、房屋质量等级、层数、道路广场、绿化系统等的特征。

（2）总平面规划图，一般包括住宅建筑、公共设施、建筑小品、道路及室外构筑物、绿地等的平面布置以及建筑层数、用地平衡表、主要技术经济指标。

（3）道路工程及竖向规划图，一般应包括道路网布局、广场、停车场及其标高，道路红线宽度及横断面，道路中心线、交叉点、转折点坐标、标高、转弯半径、室外挡土墙及护坡、梯道位置。

（4）管线工程综合规划图，一般包括给水、排水（雨水、污水）、电力、电信、煤气等管线工程的走向、管径、控制点高程、排水纵坡、室外消火栓位置；道路横断面中管线排列位置及埋深；管线附属工程设施的位置及范围；有人防工程的地区尚应与管线规划综合布置。

（5）其他图纸，可根据需要绘制绿化系统规划图、历史文化环境及景观特色分析图、必要的建筑单体示意图、重要地段的街景立面图或城市设计图、鸟瞰图等。

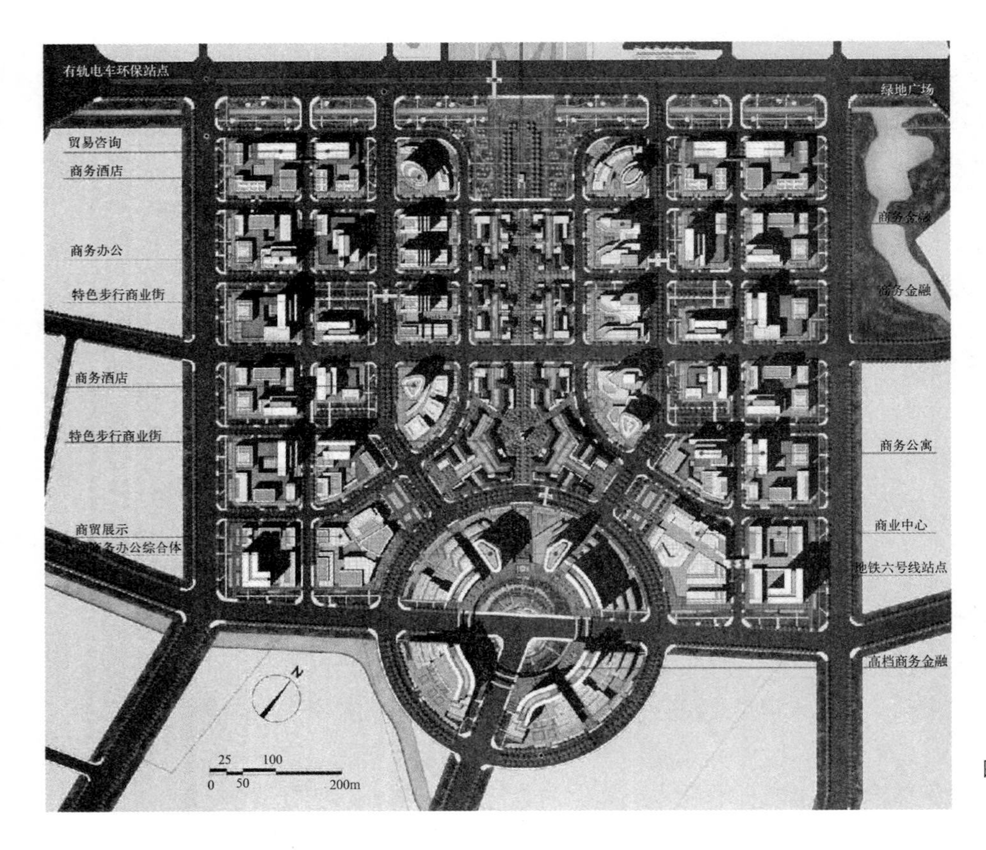

图 5–8　核心区块修建性详细规划总平面图

本章小结

城镇详细规划是以城镇总体规划为依据，对一定时期内城镇局部地区的土地利用、空间环境和各项建设用地所作的具体安排，是按城镇总体规划要求，对城镇局部地区近期需要建设的房屋建筑、市政工程、公用事业设施、园林绿化、城镇人防工程和其他公共设施做出具体布置的规划。它包括城镇控制性详细规划和修建性详细规划两个层面。

本章分别介绍了控制性详细规划和修建性详细规划的规划内容及成果要求，特别介绍了控制性详细规划的指标控制体系，即对土地使用、环境容量、建筑建造、城市设计引导、配套设施、行为活动六个方面的管控内容，表现为规定性指标和引导性指标两大类管控指标。

拓展学习推荐书目

[1] 运迎霞 . 天津大学学生城乡规划设计竞赛作品选集 2008–2015 [M]. 南京 ：江苏科学技术出版社，2015.
[2] 桑劲，夏南凯，柳朴 . 控制性详细规划创新实践 [M]. 上海：同济大学出版社，2010.

思考题

1. 控制性详细规划和修建性详细规划的区别是什么？
2. 控制性详细规划的指标控制体系包括哪些？

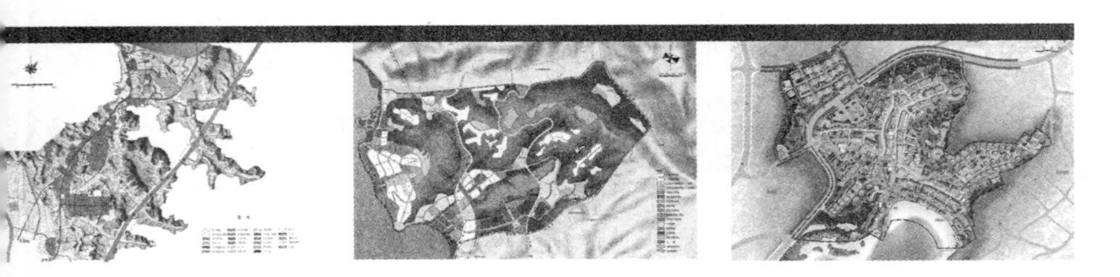

6 城镇道路交通与工程规划

城镇的道路交通规划主要包括镇区内部的道路交通、镇域内镇区和村庄之间的道路交通以及城镇对外交通的规划。城镇的公用工程设施规划主要应包括城镇给水、排水、供电、通信、燃气、供热、工程管线综合和用地竖向规划。城镇的道路与工程设施，负责城镇内部人和物的流动，是城镇得以正常运转的重要保障。本章介绍城镇道路交通规划和城镇公用工程设施规划的基本内容。

6.1 城镇道路交通规划概述

6.1.1 交通与城镇发展

交通工具的使用和城镇（城市）的发展形态有着密切的联系，不同的交通方式对土地的使用起到不同的作用。在步行为主的时代，包括部分人力车和畜力车的辅助，城镇的格局和形态是紧凑的、有机的，街道的尺度也是宜人的，城镇的规模较小。到了汽车时代，城镇的用地规模扩大了，土地使用沿着主要的交通通道发展，交通干线沿线的土地使用密度最高，并以此为轴，以适宜的步行距离为宽度的通道成了城镇的中心区域。

交通作为人流物流的输送通道，一方面，它的发展状况决定了城镇的发展规模；另一方面，交通道路的形态决定了城镇的形态格局。这也就是在城镇道路交通规划中所说的城镇道路的两大职能。

6.1.2 城镇交通的特征

我国幅员广阔，各地城镇的发展不均衡，经济发达地区和欠发达地区的城镇交通情况差异很大。概括起来讲，有以下几个特点：

(1) 过境交通穿越城镇。从城市发展史的角度看，由于交通干线附近的运输成本低廉，人们往往会在交通干线附近聚居，这也就出现了大量城镇在发展的初期都会沿着过境交通两侧延伸，形成带状的形态。过境公路既是交通运输的干道，又是城镇的集市和镇区街道。这种特点对于小城镇或者城镇发展的初级阶段，更加普遍。

(2) 多种交通工具以及行人混杂。城镇的街道大多没有机动车道和非机动车道的分隔，加上交通管理的措施不严，镇上各类交通工具混行。卡车、农用车、中巴车、小汽车、三轮车、摩托车、自行车等，相互干扰大，影响城镇居民生活（图 6–1）。

图 6–1 城镇道路各种交通工具混行（左）
图 6–2 乡镇传统集市（右）

（3）城镇道路交通在时间和空间上分布不均衡，人流、车流的流量和流向变化大。一些农民的集中进城务工，造成的季节性、一周内的、单日早晚的钟摆式交通。乡镇传统的集市日活动造成的交通流量远远大于平均日流量（图 6–2）。

（4）道路基础设施差。城镇道路性质不明、道路断面功能不分，且技术标准低，人行道狭窄或被占用，缺乏专用的交通车站和停车场地。道路分布中，斜交路口、多条路交叉、道路宽度突变等现象较多。交通管理设施不健全，普遍缺少交通标志、交通信号。

6.1.3 城镇道路交通规划的任务

城镇道路交通规划要根据道路现状及城镇用地规划布局的要求，按照道路的功能性要求合理布置。具体的任务和要求是：

（1）应满足交通安全、通畅、迅速、便捷的要求。道路规划应功能明确、主次分明，干道网的密度合理，在商业服务及文化娱乐等大型公共建筑附近，应设置必要的人流集散场地、绿地和停车场。

（2）干道路网作为城镇用地布局的骨架，要结合城镇用地布局的规划结构，形成完整的路网系统，满足城镇对外联系以及城镇各分区、组团、街坊之间的交通联系要求。

（3）要结合城镇的地形、地质、水文条件来合理规划道路走向，对平原和山地的城镇都要因地制宜。

（4）要有利于改善城镇环境，组织城镇景观。和江河湖海、山体等自然景观结合，兼顾沿街建筑景观。

（5）要考虑到各种工程管线的布置需要。

6.2 城镇道路交通规划

6.2.1 城镇道路系统

1. 镇区道路分类

城镇规划分为镇域和镇区两个范围，同样的，城镇道路交通规划也分成镇域和镇区两个范围，其中镇区的道路分为主干路、干路、支路、巷路四个等级。城镇规模大小不同，镇区道路系统的组成也不同。

根据镇的规模分级和发展需求的不同，镇区道路系统的组成按表 6–1 确定。表中特大、大型城镇是指 3 万人以上规模；中型城镇 1 万～3 万人；小型城镇 1 万人以下。

镇区道路系统组成　　表6–1

规划规模分级	道路级别			
	主干路	干路	支路	巷路
特大、大型	●	●	●	●
中 型	○	●	●	●
小 型	–	○	●	●

注：表中●—应设的级别；○—可设的级别。

2. 道路规划技术指标

镇区各级道路的规划技术指标见表 6–2。

镇区道路规划技术指标 **表6–2**

规划技术指标	道路级别			
	主干路	干路	支路	巷路
计算行车速度（km/h）	40	30	20	–
道路红线宽度（m）	24～36	16～24	10～14	–
车行道宽度（m）	14～24	10～14	6～7	3.5
每侧人行道宽度（m）	4～6	3～5	0～3	0
道路间距（m）	≥500	250～500	120～300	60～150

3. 道路系统形式

城镇道路系统在自然、历史、经济、社会、人文等诸多因素的共同作用下，形成适应城镇发展的道路系统形态，并且在不断变化中。常见的道路系统形态包括：方格网式路网、环形放射式路网、混合式路网、自由式路网。

方格网式路网，又称棋盘式路网，其突出特点是道路横平竖直、相互平行或直角交叉，纵横交织，形成一个棋盘状网络，将城市用地分割成无数个相似的正方形或长方形。方格网式路网的优点：设计简单；建筑的朝向易于处理；城镇各处的通达性相同或相近；不会形成复杂的交叉口；利于建筑物布置。缺点：两个对角端点间相距较远，交通长度增大、交叉口多。方格网状的道路系统在平原城镇出现得较多。

环形放射式路网，有利于城镇中心与城镇各组团、外围之间的交通联系，但易造成中心交通拥挤，灵活性不如方格网，沿线的房屋朝向不易处理，道路容易出现大量的斜交交叉口。这种形式的路网系统在城镇中出现得不多。

自由式路网一般见于地形复杂地区的城镇，如丘陵山地和河网密布地区的城镇，需要考虑道路的运输通过功能，同时兼顾自然条件，因地制宜组织路网。自由式路网适用范围较广，但道路弯曲、方向多变，工程量大，沿路建筑不易布置，也影响管线工程。

混合式路网，即将方格网式和环形放射式路网系统结合起来，通常是城镇中心区域采用方格网式，外围采用放射式的混合式路网布置，取两者的长处。

图 6–3 所示某镇的镇区道路系统规划图，是根据地形和城镇总规的用地布局，采用自由式路网结构。

6.2.2 城镇停车设施规划

城镇停车设施的规划，应方便使用，服务半径不宜大于 150m，同时出入口宜布置在次要道路上，以减少对主要交通道路的干扰。为节约土地，机动车停车场（库）可采用地下、半地下结合的方式，特别是充分利用高层建筑的地下空间、多层建筑的架空层、山地建筑与场地的高差等作为车库。

机动车的停放方式有三种基本类型：平行式、垂直式、斜列式（图 6–4）。

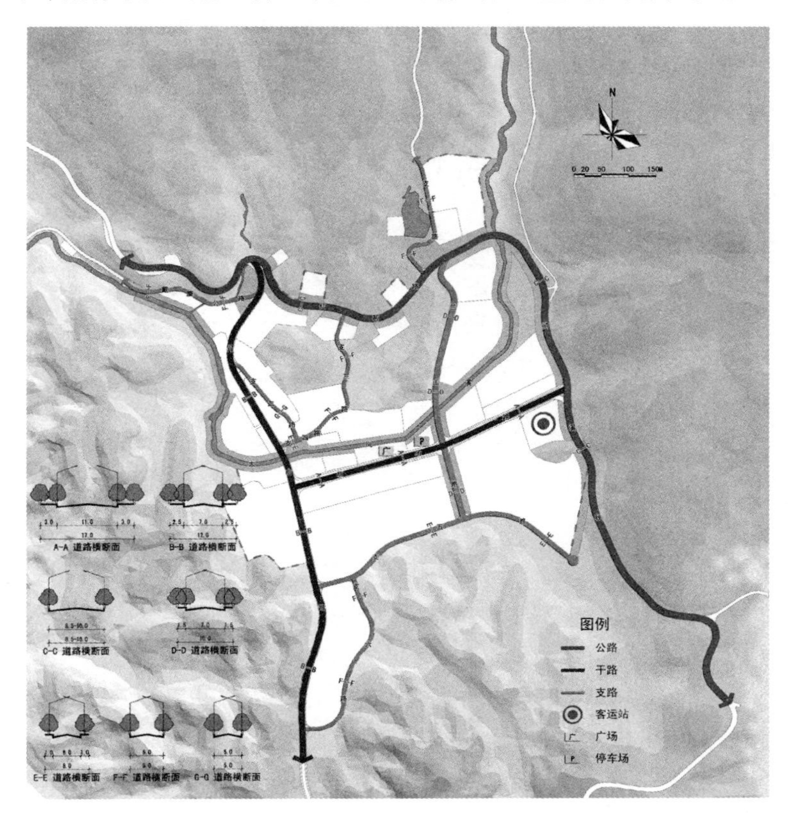

图 6–3　某镇区道路系统规划图

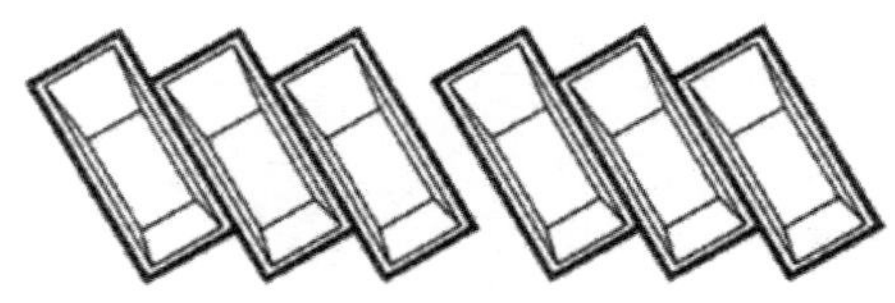

行车道

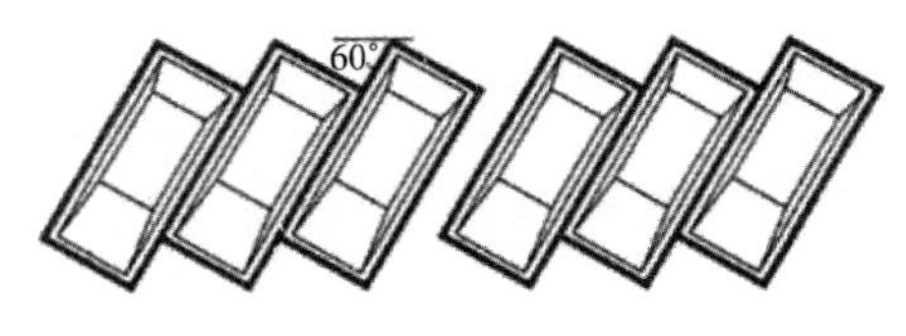

斜列式停车

行车道

垂直式停车

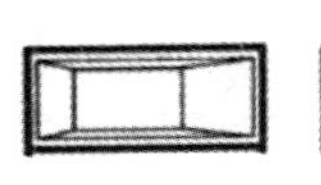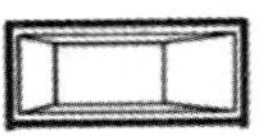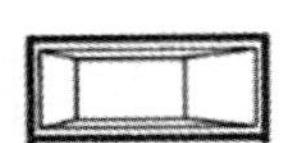

行车道

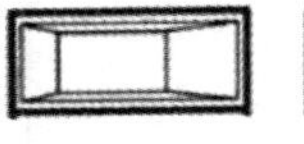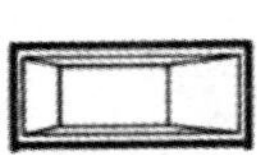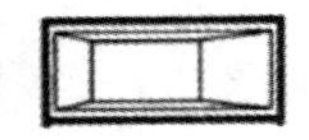

平行式停车

图 6–4　机动车的停放方式

平行式停车方式，机动车平行于行车通道而停放，其特点是所需的停车带较短，车辆进出方便、迅速，但每一个停车位的占用面积最多。这种停车方式适合需给机动车道留空间的位置，在实际停车位的划分中，主要考虑的是马路的宽度。

垂直式停车方式，机动车的停放垂直于行车通道，其特点是每个停车位的占地最小，但通道的占地较宽。这种方式适合停车场等空间大的地点。在同等面积的用地，垂直式停车方式的停车数量最多。

斜列式停车方式，介于平行式和垂直式之间，机动车与行车通道成 30°、45°、60° 的角度，其特点是停车带宽度随停车角度而变化，多在场地受限制的情况下采用，比较灵活，其优缺点也介于垂直式和平行式之间。

地面停车场的停车规模在 50 ~ 500 辆时，其出入口不得少于 2 个。并且，出入口应有良好的视野，出入口距离人行过街天桥、地道和桥梁、隧道引道须大于 50m，距离交叉路口须大于 80m，以便车辆能够顺畅便捷、安全高效地进出停车场，并且尽可能减少对道路交通的干扰。

6.2.3 城镇对外交通

城镇对外交通主要是指镇区与周边村庄，镇区与县城及其他乡镇，国道、省道、高速公路、码头、铁路、机场等区域过境交通与城镇的关系。与城市的对外交通有所区别，城镇的对外交通规划应考虑以下几个方面：

（1）镇域内的道路交通规划应满足镇区与村庄间的车行、人行以及农机通行的需要。

（2）镇域的道路系统应与公路、铁路、水运等对外交通设施相互协调，并应配置相应的站场、码头、停车场等设施，公路、铁路、水运等用地及防护地段应符合国家现行的有关标准的规定。

（3）高速公路和一级公路的用地范围应与镇区建设用地范围之间预留发展所需的距离。规划中的二、三级公路不应穿过镇区和村庄内部，对于现状穿过镇区和村庄的二、三级公路应在规划中进行调整。

6.3 公用工程设施规划的任务

公用工程系统规划属于工程技术的范畴，其规划、设计及控制具有逻辑和量化的特征。具体的工程流程从现状分析开始，进行负荷预测，并据此进行市政设施的源、场站、管网的规划。

在规划层面上，公用工程系统规划与城镇的总体规划到详细规划相一致，同步编制；规划期限和城镇规划一致，使城镇规划的各项工程建设在技术上得到落实。城镇的公用工程系统规划，一方面要考虑城镇规划的用地布局和建设发展，另一方面还要依据县域或地区公用工程设施规划的统一部署进行规划。

根据不同的工种，公用工程系统规划包括给水工程规划、排水工程规划、供电工程规划、通信工程规划、燃气工程规划、供热工程规划、工程管线综合和用地竖向规划。各工种的工程规划，大多包括以下几个方面的工作任务。

（1）现状资料分析

现状基础资料的收集与分析是城镇工程系统规划的基础。根据所收集资料的性质与专业类别，可将其分为自然资料、现状与规划资料、专业工程资料等。

（2）源的规划

公用工程系统规划涉及各种支撑城镇正常运转的流，比如能源流（电力、燃气、供热）、水流（自来水、污水、雨水）或者信息流（电信）。这些流的源既包括各种流入源头，如自来水、电力供应的源头，也包括流出源头，如污水、雨水的处理和排放。源的规划是公用工程系统规划的重要内容。

（3）站场规划

公用工程系统的站场规划是指确定公用工程系统中各类市政设施的布点及用地界线，如变配电设施、污水处理设施、垃圾转运站等。

（4）管线规划

公用工程系统的管线规划涉及各类工程管线的走向、管线径等要素以及各管线相互间的空间关系。

6.4 各类公用工程设施规划

6.4.1 给水工程规划

1. 规划内容

生活饮用水的给水方式有两种，即集中式给水和分散式给水。集中式给水通常称为自来水，是指由水源集中取水，然后对水进行净化和消毒，并通过输水管和配水管网送到给水站和用户。分散式给水，是指居民分散地直接从水源取水。集中式给水，适用于城镇和有相当数量人口的集体单位或农村居民点。它的优点是：有利于水源的选择和防护；易于采取水质改善措施；保证水质良好；用水方便；便于卫生管理与监督。大多数布局集中紧凑的城镇，都采用集中式给水方式。对于一些布局分散的城镇或城镇的部分地区，会采用分散式给水方式。

给水工程规划的内容，集中式给水主要应包括确定用水量、水质标准、水源及卫生防护、水质净化、给水设施、管网布置；分散式给水主要应包括确定用水量、水质标准、水源及卫生防护、取水设施。

2. 用水量预测

给水工程规划的第一项内容就是要对城镇供水区的用水量进行预测。用水量包括生活、生产、消防、浇洒道路和绿化用水量，管网漏水量和未预见水量。

生活用水量的计算包括居住建筑和公共建筑。居住建筑用水量根据人均生活用水量指标和预测人口规模进行测算。其中人均生活用水量指标与城镇所处的建筑气候区有关。公共建筑的生活用水量的测算，可以根据相关的国家标准有关规定，也可按居住建筑生活用水量的8%～25%进行估算。

生产用水量应包括工业用水量、农业服务设施用水量，可按所在省、自治区、直辖市人民政府的有关规定进行计算。

消防用水量根据现行国家标准《建筑设计防火规范》GB 50016—2014 的有关规定测算。浇洒道路和绿地的用水量可根据当地条件确定。管网漏失水量及未预见水量可按最高日用水量的 15%～ 25%计算。

另外，给水工程规划的用水量也可合并预测，按《镇规划标准》GB 50188—2007 的人均综合用水量指标预测。

3. 水源的选择

生活饮用水的水质应符合现行国家标准《生活饮用水卫生标准》GB 5749—2006 的有关规定。水源的选择应符合下列规定：

(1) 水量应充足，水质应符合使用要求；

(2) 应便于水源卫生防护；

(3) 生活饮用水、取水、净水、输配水设施应做到安全、经济和具备施工条件；

(4) 选择地下水作为给水水源时，不得超量开采；选择地表水作为给水水源时，其枯水期的保证率不得低于 90%；

(5) 水资源匮乏的镇应设置天然降水的收集贮存设施。

4. 给水管网的布置

给水管网系统的布置和干管的走向应与给水的主要流向一致，并应以最短距离向用水大户供水。管网的水压要考虑到给水干管最不利点的最小服务水头。

图 6-5 即某镇城镇总体规划阶段的给水工程规划图。

6.4.2 排水工程规划

排水工程规划应包括确定排水量、排水体制、排放标准、排水系统布置、污水处理设施。

1. 排水量

城镇排水量应包括污水量、雨水量。污水量包括生活污水量和生产污水量。排水量可按下列规定计算：

生活污水量可按生活用水量的 75%～ 85%进行计算；生产污水量及变化系数可按产品种类、生产工艺特点和用水量确定，也可按生产用水量的 75%～ 90%进行计算；雨水量可按邻近城市的标准计算。

2. 排水体制

排水体制是指城镇的污水和雨水是选择分开排放，还是合并排放的问题。两种体制各有优缺点。

从环境保护角度看，采用合流制将生活污水、生产污水和雨水全部纳入污水管网进行处理，然后再排放，从控制和防止水体污染来看是较好的，但这样会使主干管尺寸过大，污水容量也增加很多，建设和运营费用也相应大幅增高。分流制是将城镇污水纳入污水管网进行处理后再排放，雨水自行排入自然

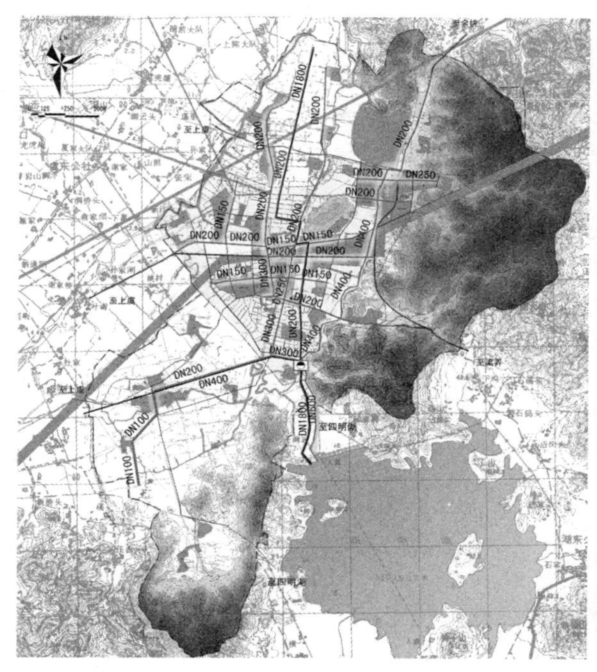

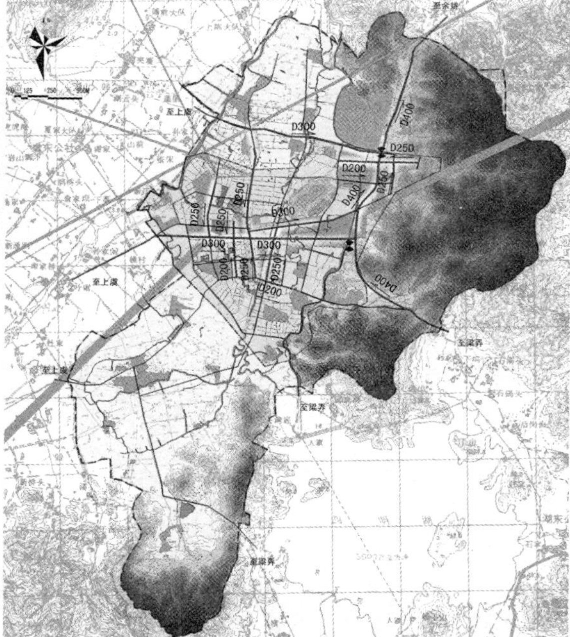

图 6–5　某镇给水工程规划图（左）

图 6–6　某镇排水工程规划图（右）

水体，这种体制建设成本较低，布置灵活。但初降雨水径流之后未加处理直接排入水体，对自然水体会造成污染。

对于多数城镇，排水体制宜选择分流制；条件不具备可选择合流制，但在污水排入管网系统前应采用化粪池、生活污水净化沼气池等方法预处理。

3. 排水管网的布置

布置排水管渠时，雨水应充分利用地面径流和沟渠排除，污水应通过管道或暗渠排放，雨水、污水的管、渠均应按重力流设计。

污水采用集中处理时，污水处理厂的位置应选在镇区的下游，靠近受纳水体或农田灌溉区。

图 6–6 即某镇城镇总体规划阶段的排水工程规划图。

6.4.3　供电工程规划

城镇供电工程规划主要工作内容包括：预测用电负荷，确定供电电源、电压等级、供电线路、供电设施。

1. 预测供电负荷

供电负荷的计算包括生产和公共设施用电、居民生活用电两部分。可采用现状年人均综合用电指标乘以增长率进行预测。

2. 供电设施及线路

这部分的规划内容包括：变电所的选址、电网规划、供电线路的设置、重要工程设施的专用线路供电以及结合地区特点，充分利用小型水力、风力和太阳能等能源。

图 6–7 即某镇城镇总体规划阶段的供电工程规划图。

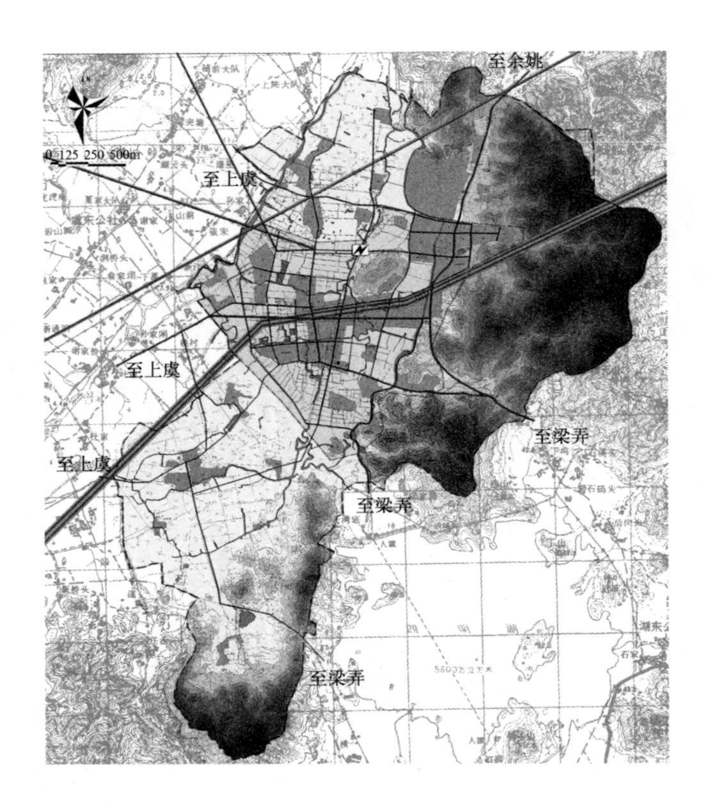

图 6–7　某镇供电工程规划图

6.4.4　其他工程规划

城镇公用工程规划还包括通信工程规划、燃气工程规划、供热工程规划、用地竖向规划等。

1. 通信工程规划

城镇通信工程规划，主要包括电信、邮政、广播、电视的规划。

电信工程规划应包括确定用户数量、局（所）位置、发展规模和管线布置。邮政局（所）的选址应利于邮件运输、方便用户使用。广播、电视线路应与电信线路统筹规划。

2. 燃气工程规划

城镇燃气工程规划，主要包括确定燃气种类、供气方式、供气规模、供气范围、管网布置和供气设施。

燃气工程规划应根据不同地区的燃料资源和能源结构的情况确定燃气种类。选用集中式燃气供应的要预测用气量，布置燃气管线；选用液化石油气的要确定供应基地的规模、站址等；选用沼气或农作物秸秆制气的应根据原料品种与产气量，确定供应范围，并应做好沼水、沼渣的综合利用。

3. 供热工程规划

对于采暖地区的城镇，需做好供热工程规划。供热工程规划主要包括确定热源、供热方式、供热量，布置管网和供热设施。

供热工程规划应根据采暖地区的经济和能源状况，充分考虑热能的综合利用，确定供热方式；预测集中供热的负荷；根据各地的情况选择锅炉房、热电厂、工业余热、地热、热泵、垃圾焚化厂等不同方式供热；进行供热管网的规划。

4. 用地竖向规划

竖向规划是指对建设场地在高程方向上的规划，按其自然状况、工程特点和使用要求所作，包括场地与道路标高的设计，建筑物室内、外地坪的高差等，以便在尽量少改变原有地形及自然景色的情况下满足日后居住者的要求，并为良好的排水条件和坚固耐久的建筑物提供基础。

对于城镇规划来说，镇区建设用地竖向规划的内容包括：确定建筑物、构筑物、场地、道路、排水沟等的规划控制标高；确定地面排水方式及排水构筑物；估算土石方挖填工程量，进行土方的初平衡，合理确定取土和弃土的地点。

本章小结

城镇的道路与工程设施，负责城镇内部人和物的流动，是城镇得以正常运转的重要保障。城镇的道路交通规划主要包括镇区内部的道路交通、镇域内镇区和村庄之间的道路交通以及城镇对外交通的规划。城镇的公用工程设施规划主要应包括城镇给水、排水、供电、通信、燃气、供热、工程管线综合和用地竖向规划。

本章重点介绍了城镇道路交通规划，包括道路系统、停车设施、对外交通。城镇公用工程设施规划介绍了主要的几项规划，如给水工程规划、排水工程规划、供电工程规划等。

拓展学习推荐书目

[1] 边经卫. 当代城市交通规划研究与实践 [M]. 北京：中国建筑工业出版社，2010.

[2] 过秀成. 城市步行与自行车交通规划 [M]. 南京：东南大学出版社，2016.

思考题

1. 城镇公用工程规划的一般工作流程是什么？

2. 公用工程规划的设施选址、管线走向，与城镇的用地规划等有何联系？

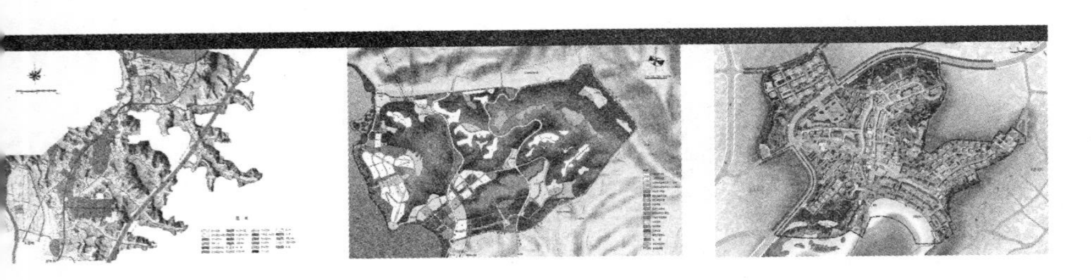

7 村庄规划

村庄是村民生活和生产的聚居点，传统的村庄是在血缘关系和地缘关系相结合的基础上形成的，以农业经济为基础的相对稳定的一种居民点形式，它的形成与发展同农业生产（包括农耕作业和林牧渔业）紧密联系在一起。

人类最早的聚居形态就是村庄。村庄聚落大约起源于旧石器时代中期，随着人类文明的进步逐渐演化。在原始公社制度下，以氏族为单位的村庄聚落是纯粹的农业社会。这之后，乡村聚落一直是人类社会聚落的主要形式。进入资本主义社会以后，随着城市化水平的不断发展，城市或城市型聚落广泛发展，乡村聚落逐渐失去优势而成为聚落体系中的低层级的组成部分。

村庄规划是对村庄建设的设计与安排，是我国现行城乡规划编制体系中的一个组成部分。《城乡规划法》首次把村庄规划纳入城乡规划体系之中。村庄规划是农村地区各项建设管理工作的基本依据，对改变农村落后面貌，加强农村地区生产设施和生活服务设施、社会公益事业和基础设施等各项建设，推进社会主义新农村建设具有重大意义。

7.1 村庄规划概述

7.1.1 村庄的概念与特点

1. 村庄的概念

村庄在我国不同地区有不同的叫法，如村子、庄子、屯、寨、坪、堡、沟等，它是村民生存、生活和生产活动的空间范围，是人们社会、经济活动载体的基本单元，具有居住功能、生产功能以及开展其他各类活动的功能。它在空间上是组成我国国土资源的最小单元。

村庄和农村，是两个既相联系又有区别的概念。农村主要是指区别于城市的广大乡间区域，以乡间的人类活动形式为主的区域，常被称为乡村。村庄是指在农村地区中人口聚居的一种形式，常被称为村落。农村是一个比村庄含义更广泛的概念，不仅包括作为居住聚落的村庄，还包括居住聚落之外的广大非建设区域，如农田、山林、草原、水面等空间区域。

与村庄相关的概念中有行政村和自然村、中心村和基层村两组概念。

（1）行政村和自然村

“行政村”是行政管理上的一个概念，是作为乡镇以下的一级组织，是村民委员会管辖范围内的村庄范围。它所强调的是行政管辖。“自然村”是农村居民居住和从事农副业生产活动的最基本的聚居点，是村庄在发展过程中自然形成的结果。它所强调的是村庄的形成状态。

行政村和自然村的范围相关但不相同。在少数地方，行政村和自然村的范围是相同的，一个自然村也就是一个行政村；而大多数地方，一个行政村通常包括了几个甚至是十几个自然村；也有极少数地方，一个较大规模的自然村包含了两个或两个以上的行政村，或者是不同行政村的部分村民共同形成一个自然村。

(2) 中心村和基层村

村庄按其在村镇体系中的地位和职能又可以分为中心村和基层村。"中心村"是镇域村庄体系规划中，设有兼为周围村庄服务的公共设施的村；"基层村"是镇域村庄体系规划中，中心村之外的村。中心村与周围的基层村相比，居住区范围较大、人口较多，具有为本村和附近基层村服务的公共服务设施。在多数情况下，中心村的意义与行政村是等同的；基层村则对应于自然村。

根据村庄人口数量，村庄的规模可以划分为特大、大、中、小型四级（《镇规划标准》GB 50188—2007，见表 7–1）。

村庄人口规模分级 **表7–1**

分级	特大型	大型	中型	小型
人口数量（人）	>1000	601～1000	201～600	≤200

2. 村庄的特点

与城镇不同，村庄具有鲜明的乡村聚落的特点。

(1) 村庄肌理与自然环境和谐共生

村庄的形成是一个长期的、自然的过程。村庄空间的形成依托农户自身的生产、生活需要以及乡规民约、风水观念、传统伦理等，体现出很强的自然性与随机性。村庄肌理是自然与人文有机的结合体，村庄肌理形态受自然环境的影响较大，在长期的发展过程中，村庄与所处的自然环境形成了一种共生的关系，村庄依山就水，空间肌理形态与自然肌理相互呼应，人与自然和谐共处、融为一体，这些都是村庄空间最吸引人的地方。

(2) 村庄功能单一，自给自足性强

村庄是村民生活和生产的场所。传统的村庄往往由于其规模偏小，人口集约化程度低，与外界交通不畅，联系不便，交往有限，诸多方面表现为一定的封闭性，且经济活动内容简单。传统的村庄有以种植业为主的农村、以林业及山间作物为主的山村、以渔业为主的渔村、以畜牧业为主的乡村等。在一定区域空间内，村庄所承担的职能比较单一，自给自足性强。

(3) 村庄建筑地域特色显著

传统村庄的建筑是由工匠根据长期生活实践中形成的带有浓厚地方特点的习俗和经验进行营建，适应了当地的气候条件，大量使用当地建材，也反映了当地的文化特色，具有很强的地域特色。同时在建筑空间布局的关系上也有较强的连续性，保留了相对封闭的地域特色。一般而言，尽管村庄每一次新的兴建活动都会对其原有结构有所改变，但总体上应该顾及与周围建筑之间的相互协调，保持对村庄原有结构的尊重与延续，而不应破坏整个村庄系统的整体性，传统的古村落都保持了这一特点。如安徽黟县宏村，非常典型的徽派建筑，适应了江南的气候条件，也反映了徽派文化。

图 7–1　浙江省淳安县某村庄（左）
图 7–2　福建省永定县某村庄（右）

（4）家庭宗族血缘关系浓厚

从村庄的形成和发展的历史进程来看，人们依托土地资源，世代聚居，形成传统而稳定的乡村聚落空间。在中国传统的重视血缘、重视宗族的文化影响下，许多村庄都是一个或几个家族世代聚居，形成一个相对封闭的社会单元，从而形成血缘群体和左邻右舍守望相助的地缘群体，人口的空间转移极其缓慢和相对稳定，村庄人口的增加仅是自然增长的变化。今天在许多传统村落中还能清晰地看到这种脉络（图 7–1、图 7–2）。

7.1.2　村庄规划

《城乡规划法》规定：城乡规划包括城镇体系规划、城市规划、镇规划、乡规划和村庄规划；由县级以上地方人民政府根据本地农村经济社会发展水平，按照因地制宜、切实可行的原则，确定应当制定村庄规划的区域；在确定区域内的村庄，应当依照《城乡规划法》制定规划，规划区内的村庄建设应当符合规划要求。

《城乡规划法》规定：村庄规划应当从农村实际出发，尊重村民意愿，体现地方和农村特色。村庄规划的内容应当包括：规划区范围，住宅、道路、供水、排水、供电、垃圾收集、畜禽养殖场所等农村生产、生活服务设施、公益事业等各项建设的用地布局、建设要求以及对耕地等自然资源和历史文化遗产保护、防灾减灾等的具体安排。

《城乡规划法》规定：由乡、镇人民政府组织编制村庄规划，报上一级人民政府审批。村庄规划在报送审批前，应当经村民会议或者村民代表会议讨论同意。

1. 村庄规划的概念

村庄规划是指在一个村的范围内（可以是行政村也可以是自然村），为实现村庄经济和社会发展的目标，按照法律规定，运用经济技术手段，合理规划村庄经济和社会发展、土地利用、空间布局以及各项建设的部署和具体安排。

村庄规划是村庄建设与管理的依据，其主要任务是：在乡镇总体规划等上位规划的指导下，通过分析该村相关区域的经济社会发展条件、资源条件以及村庄现状分布与规模的基础上，确定村庄建设要求，提出合适的村庄人口规模，确定村庄功能和布局，明确村庄规划建设用地范围，统筹安排各类基础设施和公共设施，保护历史文化和乡土风情等；同时包括村庄经济社会环境的协调发展，生产及设施的安排，耕地等自然资源的保护等，从而为居民提供舒适、和谐、适合当地特点的人居环境。

村庄规划要求遵循“注重衔接、因地制宜、突出特色、公众参与”的规划原则，加强与上位规划、土地利用总体规划、经济社会发展规划、生态环境保护规划和各专项规划的衔接；着眼现实，因地制宜，结合当地自然条件、经济社会发展水平、产业特点等，切合实际布置村庄各项建设，增强村庄规划的实用性和可操作性；保护村庄地形地貌、自然肌理和历史文化，注重村庄生态环境的改善，突出乡村风情和地方特色；从农村实际出发，充分听取村民意见，尊重村民意愿，接受村民监督，加强对村民的宣传，引导村民积极参与村庄规划的编制和实施工作。

2. 村庄规划的主要内容

村庄规划在区域层面上有村庄布点规划，它是对乡镇行政区划范围内的所有村庄的用地空间进行布局，对各村的公共基础设施配置进行统筹安排。在村庄层面上，村庄规划包括村域规划、居民点规划两部分。

(1) 村域规划是指对行政村范围内的建设用地进行布局，主要是对居民点分布、产业及配套设施的空间布局，并对耕地等自然资源的保护提出规划要求。

居民点分布：在镇（乡）总体规划的指导下，确定本行政村范围内各居民点的空间位置，明确各居民点的各类用地布局。

产业布局：结合当地产业特点和村民生产需求，合理安排村域各类生产用地。主要包括以下内容：一是集中布置村庄手工业、畜禽养殖业等产业，污染工业尽量不在村庄中保留；二是合理布局村域耕地、林地以及设施农业等，确定其用地范围；三是结合水系保护利用要求，合理选择用于养殖的水体，合理确定养殖的水面规模。

配套基础设施布局：在村域范围内确定公路、铁路、河流、水渠、电力线路、电信电缆、供热、燃气、变电站、给水排水、防洪堤、垃圾处理等基础设施的位置及走向。

耕地、乡村文化等自然资源及人文资源的保护规划：对基本农田、具有生态保护价值的自然保护区、水源保护地、历史文物古迹保护区、重要的防护绿地以及具有鲜明地方特色的自然和人文景区等进行保护规划。

(2) 居民点规划是指对村民聚居区进行各类建设用地的空间布局、安排公共服务设施、落实基础设施、提出生态环境和历史文化控制保护要求等。

建设用地空间布局：充分利用自然条件，合理安排村庄内居住建筑、公共建筑、生产建筑、基础设施和绿化等用地的空间布局，突出地方特色。

公共服务设施布局：根据人口规模、产业特点以及经济社会发展水平，配套适用、节约、方便使用的文化活动室、健身场所、学校、卫生所、敬老院、托幼等公共服务设施。其中中心村与基层村的配置要求不同。

道路交通规划：确定居民点道路的等级与宽度，道路铺装形式以及停车场设置。

基础设施规划：对居民点的给水排水工程、供电工程、电信工程、环境卫生设施、防灾减灾以及竖向等进行规划。

7.2 村庄布点规划

7.2.1 村庄布点规划的任务

村庄布点规划，是指镇（乡）域行政区划范围内，对所有村庄的用地空间、公共基础设施配置进行统筹安排。

村庄布点规划应依据城市总体规划和县市域总体规划，以镇（乡）域行政范围为单元进行编制，可作为镇总体规划和乡规划的组成部分，也可以单独编制。对中心镇或重点镇宜单独编制镇（乡）域村庄布点规划。

镇（乡）域村庄布点规划主要任务是：明确镇（乡）域空间管制要求，明确各村庄的功能定位与产业职能，明确中心村、基层村等农村居民点的数量、规模和布局，明确镇（乡）域内公共服务设施和基础设施布局，提出村庄公共服务设施和基础设施的配置标准，制定镇（乡）域村庄布点规划的实施时序。

镇（乡）域村庄布点规划的期限应与镇总体规划和乡规划保持一致，一般为10～20年，其中近期规划为3～5年。

7.2.2 村庄布点规划的内容

村庄布点规划的主要内容包括：

(1) 村庄发展条件综合评价。结合村庄现状特征及未来发展趋势，综合评价村庄发展条件，明确各村庄的发展潜力与优势劣势，提出各村存在的主要问题。

(2) 确定村庄布点目标。以镇（乡）域经济社会发展目标为主要依据，确定镇（乡）域村庄发展和布局的近远期目标。

(3) 确定镇（乡）域各村庄的发展规模。结合农业生产特点、村庄职能等级、村庄重组和撤并特征以及村庄发展潜力等因素，科学预测镇（乡）域村庄人口发展规模与建设用地规模。在与土地利用规划充分衔接的基础上，确定镇（乡）域村庄建设用地规模，并重点落实农民建房新增建设用地。

(4) 确定镇（乡）域村庄空间布局。明确"中心村—基层村"两级村庄居民点体系和独立建设用地布局，明确各村庄功能定位，制定各级村庄的建设标准。

(5) 空间发展引导。在镇（乡）域范围内划分积极发展、引导发展、限制发展和禁止发展等四类村庄发展区域，提出搬迁村庄的要求，制定各区域和村庄规划管理措施。明确需保护的基本农田、生态公益林、水源保护地、风景名胜区等生态环境资源以及区域基础设施走廊的界线和管控要求。

(6) 镇（乡）域村庄土地利用规划。依据镇（乡）域发展规模，进一步明确各村庄建设用地指标和建设用地总量，提出城乡建设用地整合方案，重点确定中心村、基层村和独立建设用地的建设用地发展方向和调整范围。

（7）基础设施规划。统筹安排镇（乡）域道路交通、给水排水、电力电信、环境卫生等基础设施，提出各级村庄配置各类设施的原则、类型和标准，并提出各类设施的共建共享方案。

（8）公共服务设施规划。综合考虑村庄的职能等级、发展规模和服务功能，合理确定各级村庄的行政管理、教育、医疗、文体、商业等公共服务设施的级别、层次与规模。公共服务设施配置要求应符合有关规定。

（9）环境保护与防灾减灾规划。明确村庄环境保护的要求和控制标准，确定需要重点整治的村庄和防治措施。明确建立综合防灾减灾体系的原则和建设方针，划定镇（乡）域洪涝、地质灾害等灾害易发区的范围，制定防洪防涝、地质灾害防治、消防等相应的防灾减灾措施。

（10）近期建设规划。明确近期镇（乡）域村庄布点的原则、目标与重点，确定近期村庄空间布局、引导要求和重点建设项目部署，确定近期各村庄建设用地规模与发展方向。

（11）规划实施建议和措施。提出镇（乡）域村庄发展和布局的分类指导政策建议和措施，重点对近期规划提出针对性的政策建议。

村庄布点规划对村庄的建设用地、控制开发区域、环境保护防灾减灾等作出强制性规定，这部分强制性内容包括：

（1）镇（乡）区域范围内必须控制开发的地域。包括：永久性基本农田、行洪河道、水源地保护区、各类生态用地、自然和历史文化遗产等。

（2）村庄建设用地。包括：规划建设用地总规模、各村庄建设用地指标和建设用地规模；中心村、基层村和独立建设用地的建设用地发展方向和调整范围等。

（3）公共服务设施和基础设施。包括：各村庄的公共服务设施配置要求；镇（乡）域道路交通、给水排水、电力电信、环境卫生等基础设施布局等。

（4）环境保护与防灾规划。包括：村庄环境保护的控制标准和防治措施；镇（乡）域洪涝、地质灾害等灾害易发区的范围以及防洪防涝、地质灾害防治、消防等相应的防灾减灾措施。

7.2.3 村庄布点规划的成果

村庄布点规划成果由规划文本、图纸和附件三部分组成。

其中规划文本，包括规划总则、村庄布点目标、镇（乡）域村庄发展规模、镇（乡）域村庄空间布局、空间发展引导、镇（乡）域村庄土地利用规划、基础设施规划、公共服务设施规划、环境保护与防灾减灾规划、近期建设规划、规划实施建议与措施等章节。

图纸，包括区域位置图、镇（乡）域村庄布局现状图、镇（乡）域村庄布局规划图、空间发展引导图、镇（乡）域村庄土地利用规划图、基础设施规划图、公共服务设施规划图、环境保护与防灾减灾规划图、近期建设规划图等。村庄布点规划图纸宜采用比例尺为 1 ：5000～1 ：10000 的地形图。

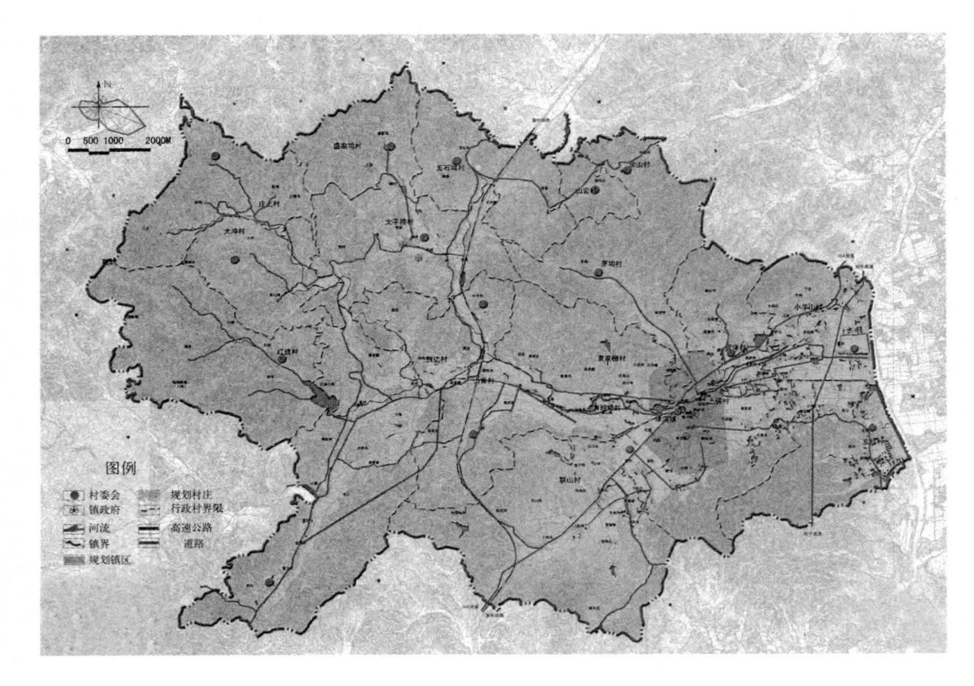

图 7–3　某镇域村庄布点规划图

附件，是对规划文本与主要图纸的补充解释，包括规划说明、基础资料汇编等。

图 7–3 即是某镇域范围内的村庄布点规划图。村庄布点规划会对规划区内各村庄进行等级划分、建设用地范围的界定、区域基础设施的规划安排。

7.3　村庄规划

7.3.1　村庄规划的任务

村庄规划通常以行政村为单元进行编制，规划区范围宜与村庄行政边界一致。

村庄规划可分为村域规划和居民点（村庄建设用地）规划两个层次。村域规划综合部署生态、生产、生活等各类空间，并与土地利用规划相衔接，统筹安排村域各项用地，并明确建设用地布局；居民点（村庄建设用地）规划重点细化各类村庄建设用地布局，统筹安排基础设施与公共服务设施，提出景观风貌特色控制与村庄设计引导等内容。

村庄规划的期限一般为 10 ~ 20 年，其中近期规划为 3 ~ 5 年。

7.3.2　村庄规划的内容

根据村域规划和居民点规划的两个层次，村庄规划的主要内容也涵盖两个层面。

1. 村域规划

村域规划是对行政村范围内的各类空间的部署和安排，其主要内容包括：

（1）对村域的资源环境价值评估。综合分析自然环境特色、聚落特征、街巷空间、传统建筑风貌、历史环境要素、非物质文化遗产等，从自然环境、民居建筑、景观元素等方面系统地进行村庄自然、文化资源价值评估。

（2）确定村庄的发展目标与规模。提出近、远期村庄发展目标，明确村庄功能定位与发展策略，并进一步明确村庄人口规模与建设用地规模。在与土地利用规划充分衔接的基础上，确定村庄建设用地规模，并重点落实农民建房新增建设用地。

（3）村域的空间布局。以路网、水系、生态廊道等为框架，明确"生态、生产、生活"三生融合的村域空间发展格局，明确生态保护、产业发展、村庄建设的主要区域，明确生产性设施、道路交通和给水排水等基础设施、防灾减灾等的布局。

（4）村庄的产业发展规划。提出村庄产业发展的思路和策略，并进行业态与项目策划，统筹规划村域第一、第二、第三产业发展和空间布局，合理确定农业生产区、农副产品加工区、旅游发展区等产业集中区的布局和用地规模。

（5）对村庄范围内的空间管制规划。划定"禁建、限建、适建"三类空间区域和"绿线、蓝线、紫线、黄线"四类控制线，并明确相应的管控要求和措施。

其中，"三区"划定是指：

禁建区：永久性基本农田、行洪河道、水源地一级保护区、风景名胜区核心区、自然保护区核心区和缓冲区、森林湿地公园生态保育区和恢复重建区、地质公园核心区、区域性基础设施走廊用地范围内、地质灾害易发区、矿产采空区、文物保护单位保护范围等，禁止村庄建设开发活动。

限建区：水源地二级保护区、地下水防护区、风景名胜区非核心区、自然保护区非核心区和缓冲区、森林公园非生态保育区、湿地公园非保育区和恢复重建区、地质公园非核心区、海陆交界生态敏感区和灾害易发区、文化保护单位建设控制地带、文物地下埋藏区、机场噪声控制区、区域性基础设施走廊预留控制区、矿产采空区外围、地质灾害低易发区、蓄洪涝区、行洪河道外围一定范围等，限制村庄建设开发活动。

适建区：在已经划定为村庄建设用地的区域，合理安排生产用地、生活用地和生态用地，合理确定开发时序和开发要求。

"四线"划定是指：绿线、蓝线、紫线、黄线的划定。

绿线：划定村域各类绿地范围的控制线，规定保护和控制要求。

蓝线：划定在村庄规划中确定的江、河、湖、库、渠和湿地等村域地表水体保护和控制的地域界线，规定保护和控制要求。

紫线：划定历史文化名村、传统村落等的保护范围界线以及文物保护单位、历史建筑、传统风貌建筑、重要地下文物埋藏区等的保护范围界线。

黄线：划定村域内必须控制的重大基础设施用地的控制界线，规定保护和控制要求。

2. 居民点规划

居民点规划是对村庄建设用地范围内的各类空间的部署和安排，其主要内容包括：

（1）村庄建设用地的布局。对居民点用地进行用地适宜性评价，综合考虑各类影响因素确定建设用地范围，充分结合村民生产生活方式，明确各类建设用地界线与用地性质，并提出居民点集中建设方案与措施。

（2）对旧村进行整治规划。划定旧村整治范围，明确新村与旧村的空间布局关系；梳理内部公共服务设施用地、村庄道路用地、公用工程设施用地、公共绿地以及村民活动场所等用地；评价建筑质量，重点明确居民点的中拆除、保留、新建、改造的建筑。提出旧村的建筑、公共空间场所等的特色引导内容。

（3）村庄基础设施规划。合理安排道路交通、给水排水、电力电信、能源利用及节能改造、环境卫生等基础设施。

（4）村庄公共服务设施规划。合理确定行政管理、教育、医疗、文体、商业等公共服务设施的规模与布局。

（5）村庄安全与防灾减灾规划。根据村庄所处的地理环境，综合考虑各类灾害的影响，明确建立村庄综合防灾体系，划定洪涝、地质灾害等灾害易发区的范围，制定防洪防涝、地质灾害防治、消防等相应的防灾减灾措施。

（6）村庄历史文化保护的内容。提出村庄历史文化和特色风貌的保护原则；提出村庄传统风貌、历史环境要素、传统建筑的保护与利用措施，并提出历史遗存保护名录，包括文物保护单位、历史建筑、传统风貌建筑、重要地下文物埋藏区、历史环境要素等；提出非物质文化遗产的保护和传承措施。

（7）村庄景观风貌规划设计指引。结合村庄传统风貌特色，确定村庄整体景观风貌特征，明确村庄景观风貌设计引导要求。

村庄景观风貌规划可以包括：村庄总体结构设计引导、空间肌理延续引导、公共空间布局引导、风貌特色保护引导、绿化景观设计引导、建筑设计引导、环境小品设计引导以及竖向设计引导等内容。

（8）近期建设规划。确定村庄近期重点建设项目和区域；项目投资的估算以及明确主要技术经济指标等。

3. 强制性规定

村庄规划对村庄建设用地、控制开发区域、环境保护防灾减灾、历史文化保护等作出强制性规定，这部分强制性内容包括：

（1）村域内必须控制开发的地域。包括：永久性基本农田、行洪河道、水源地保护区、各类生态用地、自然和历史文化遗产等。

（2）村庄建设用地。包括：村庄建设用地规模、发展方向等。

（3）公共服务设施和基础设施。包括：公共服务设施配置要求；道路交通、给水排水、电力电信、环境卫生等基础设施布局等。

（4）村庄安全与防灾减灾。包括：村庄防洪标准、排涝标准；地质灾害防护规定；避灾疏散场所与避灾疏散道路等。

（5）对于有历史文化保护要求的村庄，强制性内容还包括：历史文化保护的具体规定；文物保护单位、历史建筑、传统风貌建筑的具体位置和界线，重要地下文物埋藏区的具体位置和界线等。

7.3.3 村庄规划的成果

村庄规划的成果主要由规划文本、图纸及附件三部分组成。

其中规划文本，包括规划总则、村域规划、居民点（村庄建设用地）规划及相关附表等章节。村域规划包括资源环境价值评估、发展目标与规模、村域空间布局、村庄产业发展规划、空间管制规划等；居民点（村庄建设用地）规划包括村庄建设用地布局、基础设施规划、公共服务设施规划、村庄安全与防灾减灾、村庄历史文化保护、景观风貌规划设计指引、近期建设规划等。附表包括村庄建设用地汇总表、村庄主要经济技术指标表和近期实施项目及投资估算表等。

图纸，按照村域规划、居民点规划要求包括以下主要图纸：

村域规划（地形图比例尺为 1 ： 2000）。包括村域现状图、村域空间布局规划图、村庄产业发展规划、村域空间管制规划图等。

居民点（村庄建设用地）规划（图纸比例为 1 ： 500 ~ 1 ： 2000）。包括村庄用地现状图、村庄用地规划图、村庄总平面图、基础设施规划图、公共服务设施规划图、村庄防灾减灾规划图、村庄历史文化保护规划图、近期建设规划图等。同时，为加强村庄设计引导，可增加景观风貌规划设计指引图、重点地段（节点）设计图及效果图等。

附件，是对规划文本与主要图纸的补充解释，包括规划说明、基础资料汇编等。

图 7–4 ～图 7–8 分别是某村庄的用地规划图、规划总平面图、规划功能结构图、道路交通规划图、绿化景观分析图。这些是一个村庄规划的主要图纸。

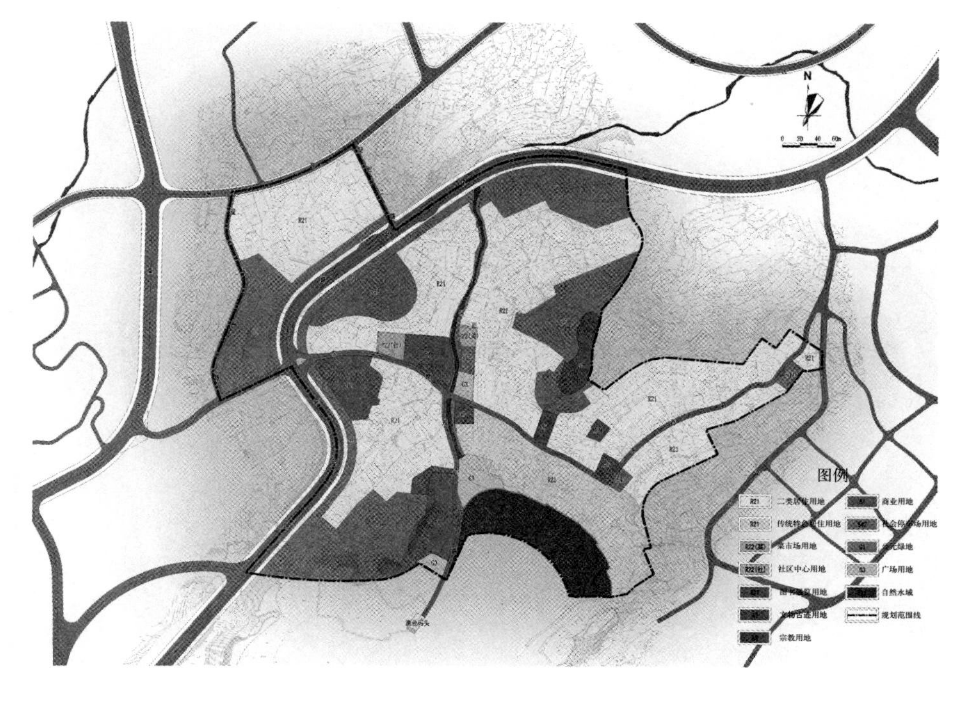

图 7–4　村庄用地规划图

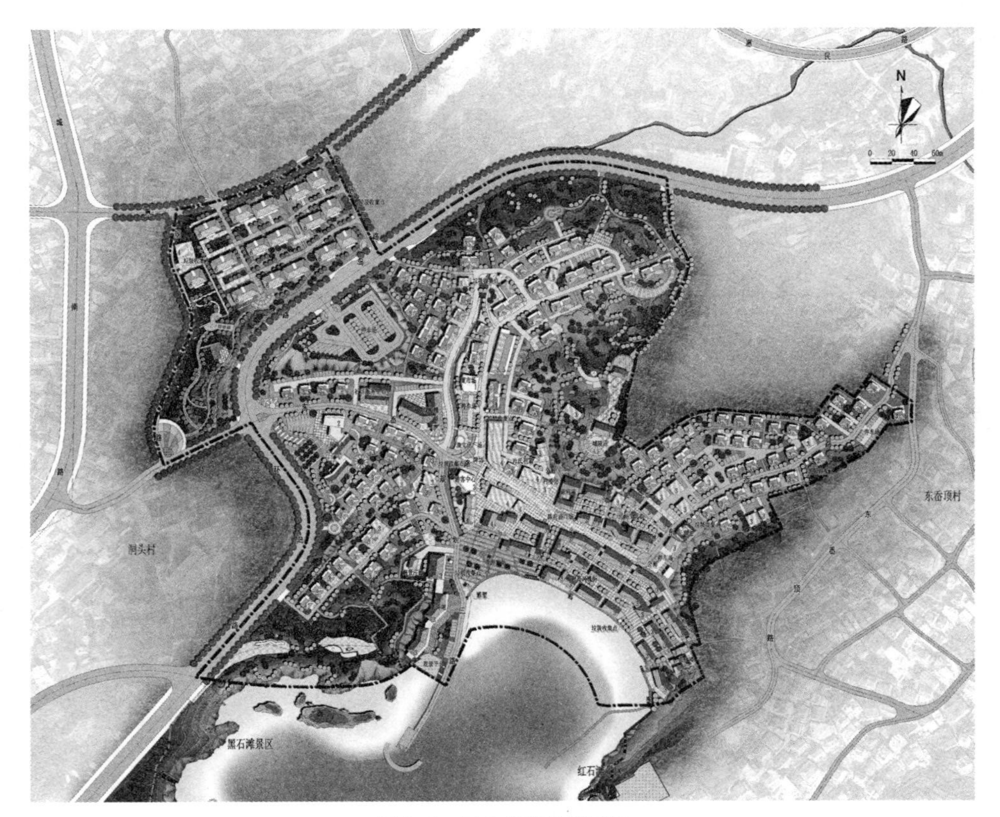

图 7–5　村庄规划总平面图

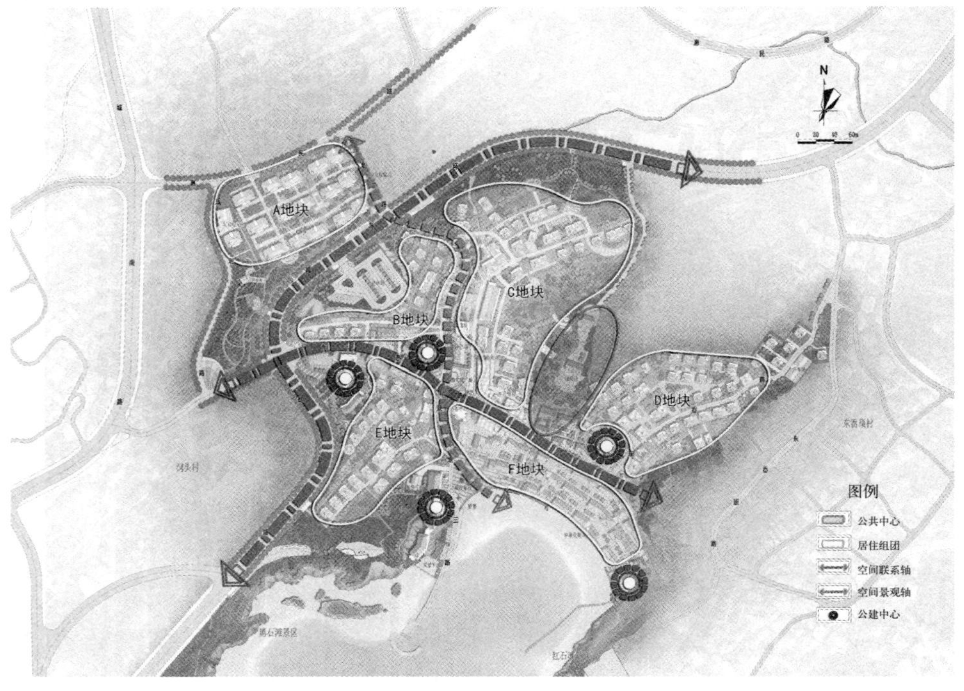

图 7–6　村庄规划功能结构图

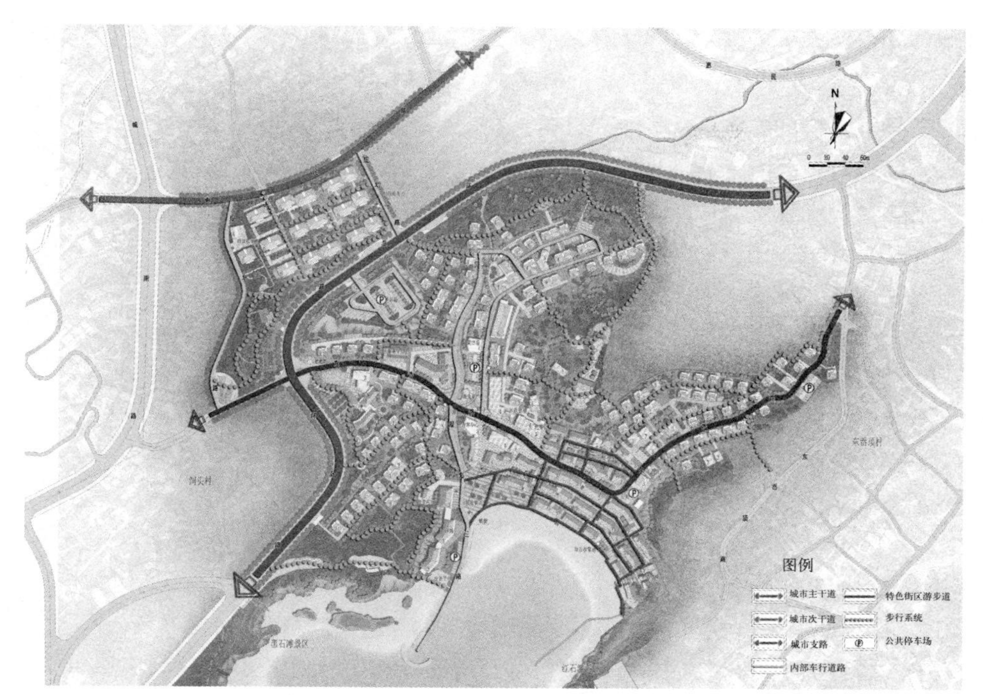

图 7–7　村庄道路交通规划图

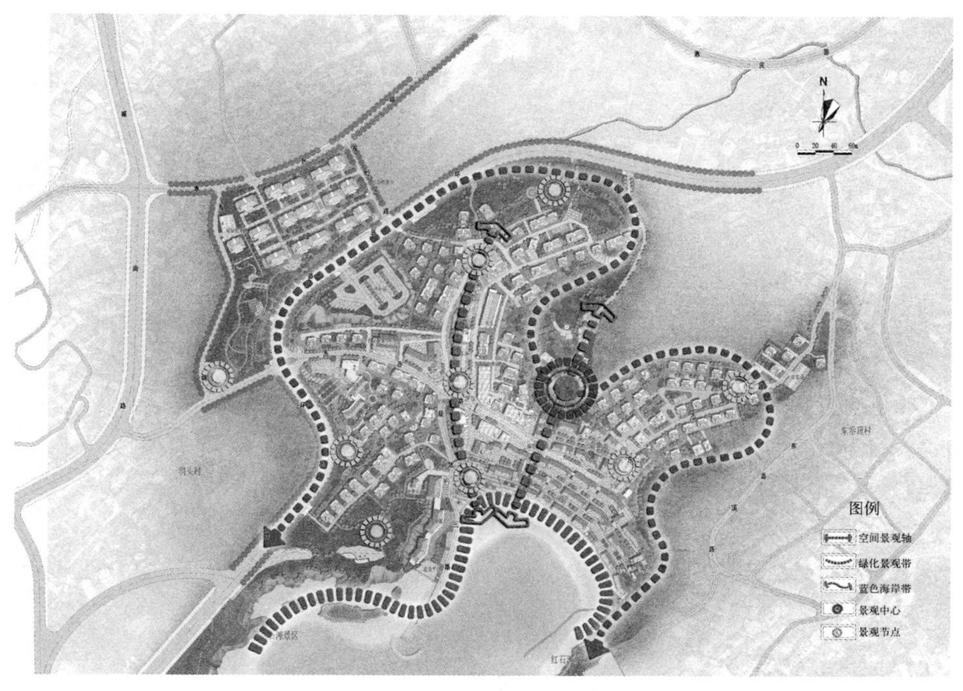

图 7–8　村庄绿化景观分析图

7.4　村庄整治规划

在农村建设实践中，大量的村庄是在原有建设基础上，充分利用已有条件，整合各方资源，完善村庄基本的公共设施，改变农村落后面貌。这就是村庄的整治。

7.4.1 村庄整治规划的任务

村庄整治规划的编制应以改善村庄人居环境为主要目的，以保障村民基本生活条件、治理村庄环境、提升村庄风貌为主要任务。村庄整治必须因地制宜，根据现状情况具体问题具体分析。通常采取新社区建设，空心村整理，城中村改造，历史文化名村保护性整治等形式。

村庄整治规划务求尊重现有格局。在村庄现有布局和格局基础上，改善村民生活条件和环境，保持乡村特色，保护和传承传统文化，方便村民生产，"慎砍树、不填塘、少拆房，避免大拆大建和贪大求洋"。

由于村庄整治规划是在原有村庄基础上开展，因此更应该注意村民的接受程度，循序渐进、分步实施。在编制整治规划时必须坚持问题导向，找准村民改善生活条件的迫切需求和村庄建设管理中的突出问题，针对问题开展规划编制，提出有针对性的整治措施。

7.4.2 村庄整治规划的内容与成果

村庄整治规划的内容包括保障村庄安全和村民的基本生活条件、改善村庄公共环境和配套设施、提升村庄风貌特色、提出农村生产性设施和环境的整治要求和措施等几个方面。

在保障村庄安全和村民的基本生活条件方面，可根据村庄实际重点规划：村庄安全防灾整治、农房改造、生活给水设施整治、道路交通安全设施整治等。

在改善村庄公共环境和配套设施方面，重点包括：环境卫生整治、排水污水处理设施、厕所整治、电杆线路整治、村庄公共服务设施完善、村庄节能改造等。

在提升村庄风貌特色方面，主要包括：村庄风貌整治、历史文化遗产和乡土特色保护等。另外可根据村庄需要提出农村生产性设施和环境的整治的相关要求和措施。

编制村庄整治规划，还应当编制整治项目库，明确项目规模、建设要求和建设时序，使整治规划更加易于实施。

村庄整治规划成果应满足易懂、易用的基本要求，具有前瞻性、可实施性，能切实指导村庄建设整治，具体形式和内容可结合地方村庄整治工作实际需要进行补充、调整。原则上村庄整治规划成果应达到"一图二表一书"的要求，即整治规划图（比例尺为 1 ： 500 ~ 1 ： 1000）、主要指标表、整治项目表、规划说明书。

7.5 历史文化村庄保护规划

我国数千年农耕文化在一些古村落中沉淀、结晶，这些具有悠久历史和深厚文化底蕴的古村落，在村庄规划中既要改善村容村貌，又要保持其原有肌理和特色，这就是村庄保护规划中需要解决的主要问题。对于历史文化遗存丰富、自然风景资源优美，属于自然与文化遗产，已纳入国家和地方保护范围，或具有一定的历史文化、民风民俗和旅游价值的村庄，应编制历史文化村庄保护规划，以保护自然和文化遗产，保护原有的景观特征和地方特色。

图 7–9　芹川村民居建筑

对于保存文物特别丰富且具有重大历史价值或纪念意义的，能较完整地反映一些历史时期传统风貌和地方民族特色的村庄，由住房和城乡建设部和国家文物局共同组织评选的中国历史文化名村，应当编制相应的历史文化村庄保护规划。对于其他一些反映一定历史时期传统风貌和地方民族特色的村庄，也应编制村庄的历史文化保护规划。

其中，中国历史文化名村，从 2003 年开始评选，至 2014 年已公布六批。第一批于 2003 年 10 月 8 日公布，共 12 个；第二批于 2005 年 9 月 16 日公布，共 24 个；第三批于 2007 年 5 月 31 日公布，共 36 个；第四批于 2008 年 10 月 30 日公布，共 36 个；第五批于 2010 年 07 月 22 日公布，共 61 个；第六批于 2014 年 3 月 10 日公布，共 107 个。图 7–9 就是第六批中国历史文化名村中的浙江省淳安县浪川乡芹川村。

7.5.1　村庄保护规划的内容

和一般的村庄规划不同的是，历史文化村庄保护规划应当明确所要保护的范围、保护内容、保护措施等内容。具体包括：

（1）划定保护范围。根据文物古迹、古建筑、传统街区的分布范围，并考虑村庄现状用地规划、地形地貌及周边环境因素的基础上，确定保护范围（核心保护区、风貌控制区、协调发展区）、界限和面积。

（2）明确保护内容。统筹考虑物质和非物质两个方面的保护。规划保护的物质实体包括三个层次，第一层次为村庄的整体形态、空间格局，包括与村庄密切相关的周边自然环境；第二层次为村庄内部体现历史文化风貌的主要区域；第三层次为各个文保单位、历史建筑等单体历史遗存。规划保护的非物质遗存主要为村庄的特色风俗、传统手工艺、地方戏曲、民间传说等，应努力将非物质文化遗存的保护附着到具体的建筑实物、民俗节目等载体上。

（3）开发利用规划。根据村庄历史文化的遗存的特点，分析利用与保护的关系，如参观人员定位、环境容量、参观内容、游线组织等，使开发和保护相互促进。

（4）近期保护规划。确定近期维修和修缮的重点及时序安排，做出相应的技术经济分析及投资估算。

（5）保护实施措施。提出村庄实施历史文化保护的措施和方法建议。

7.5.2 村庄保护规划的成果

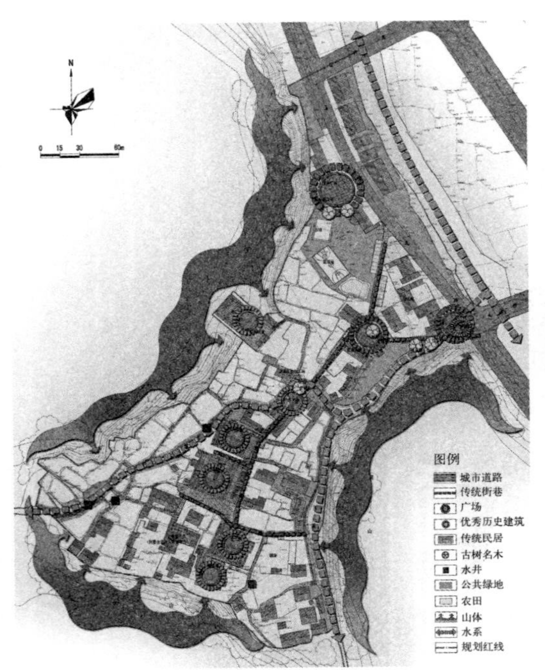

图 7–10 某村庄历史文化保护规划保护要素图

历史文化村庄的保护规划，其规划成果和一般的村庄规划相比，需更加强调村庄历史文化保护的相关内容。具体体现在现状分析时要增加对村庄现存历史文化各要素的分析，如建筑物建造年代等；规划时要提出相应的规划措施，如对历史文化建筑采取的保护手段等。

规划文本的编排以及图纸的比例，和一般的村庄规划类似。

图 7–10 是某村庄历史文化保护规划的保护要素图，对保护范围内的传统街巷、传统民居、历史建筑、古树名木等保护要素进行了规划安排。一般的村庄规划中不作此类要求。

本章小结

村庄规划是指为实现村庄经济和社会发展的目标，按照法律规定，运用经济技术手段，合理规划村庄经济和社会发展、土地利用、空间布局以及各项建设的部署和具体安排。它是村庄建设与管理的依据。

本章主要介绍了村庄布点规划、村庄规划（含新建和整治）、村庄整治规划以及古村落的保护规划。分别介绍了它们的工作任务和规划成果。

拓展学习推荐书目

[1] 李伟国 . 村庄规划设计实务 [M]. 北京：机械工业出版社，2013.
[2] 温锋华 . 中国村庄规划理论与实践 [M]. 北京：社会科学文献出版社，2017.

思考题

1. 辨析行政村和自然村、中心村和基层村两组概念。
2. 村庄布点规划、村庄规划以及村庄居民点规划的区别与联系是什么？
3. 村庄规划的主要内容是什么？
4. 历史文化村庄保护规划与一般的村庄规划有何不同？

非法定规划

8.1 城镇非法定规划概述

我国城乡规划的发展已经历半个多世纪的时间，其中，对非法定规划概念的引入与研究也有 20 多年，国内众多专家学者从不同角度和层面对其进行了解析和探讨。随着社会主义市场经济的发展，城乡发展的因素与所面临的矛盾和问题也日益复杂化，这就要求现今的城乡规划更加科学、全面、细致地思考和解决问题，非法定规划便在这样的背景下越来越受到重视。作为法定规划的有力支撑和补充，非法定规划已成为我国现代城市规划体系中重要的组成部分。

8.1.1 非法定规划的概念

要理解什么是非法定规划，我们首先要从法定规划的概念入手。自 1984 年国务院颁布《城市规划条例》以来，法定规划经过 30 多年的探索，在我国发展得相对成熟。法定规划的概念，目前有两种解释：一种是现行法律法规规定要编制的规划；另一种是在现行的规划体系里需要立法的层面，需要赋予法律效应的层面。而"非法定规划"在最初是一个由国外引入的概念，在英国称之为 Non-Statutory Plan，也被称为非正式规划（Informal Plan）。非法定规划由于受其他国家政治体制、法律体制和规划体制的影响，有很强的地域性，因此对于我国非法定规划的概念不宜直接套用国外的释义。此外，非法定规划在我国起步相对较晚，目前还处于探索阶段，相关的理论专著也较少。虽然业界对非法定规划还没有形成一个公认的定论，但已达成基本的共识。

从比较狭义的角度理解，《城乡规划法》和《城市规划编制办法》规定以外的规划，就是非法定规划。非法定规划与法定规划两者应该是互相作用的，非法定规划以法定规划为平台和依托，得出的成果用于指导并反馈于法定规划，且可以优化法定规划，有利于法定规划的有效实施。有学者认为，法定规划是由法律规定的、具有法律地位、依照法定程序编制和批准的规划；非法定规划是指那些不是法律规定的、不具有法律地位、也没有法律规定的审批程序和内容要求的规划，如战略规划、概念规划、发展规划等。中国的法定规划是指《城乡规划法》和国家建设行政主管部门发文中未涉及的，不同于规划编制体系中已有类型，不具备明确法律地位的规划。

随着我国城市建设的不断推进，非法定规划也迅速发展。作为法定规划的补充和优化，适应城市发展的需要，我国非法定规划的作用与国外的非法定规划基本一致。近年来，非法定规划也受到来自政府、业内专家学者以及城市规划工作者越来越多的关注，促使我国非法定规划的编制体系进一步完善和发展。

8.1.2 非法定规划的分类

非法定规划涵盖的内容非常宽泛，具有很大的不确定性，通常是根据实际的建设需要编制。根据规划的层次划分，非法定规划可以分为三类：

第一类是综合规划。这一类规划比较宏观，对城乡区域的发展进行战略性的研究。如战略规划、概念规划、区域规划等。

第二类是专项规划。这一类规划是为了更有效地贯彻实施法定规划，而对城乡某类要素进行专门的、系统的研究和规划。如城市设计、居住区规划、城市园林景观系统规划等。

第三类是行为规划。这一类规划是以人的某一特定行为为研究对象，开展的各类事实行为的规划。如公交系统专项规划、城市商业网点布局规划等。

8.2 居住区规划

居住是人类基本的需求之一，是人类“蔽风雨、御寒暑”的场所，也是人类文明发展的一种人文景观。人类因其社会属性，自古以来由各自独立的居住单元聚居在一起，逐渐形成了群居生活的聚居地（Settlement）。居住区是人类社会经济文化发展到一定阶段的产物，是城镇建设用地重要的组成部分。我国自新中国成立以来，居住区概念的形成和发展受到苏联影响，其间经历了无数的变革和洗礼。

8.2.1 居住区及相关概念

从空间组织层次来看，居住区的概念可分为居住区、居住小区、居住组团等三个层次（表 8–1）。

居住区分级控制规模 **表8–1**

	居住区	居住小区	居住组团
户数（户）	10000～16000	3000～5000	300～1000
人口（人）	30000～50000	10000～15000	1000～3000

居住区，是城镇用地空间上相对独立的各种类型、各种规模的生活居住区域的统称，泛指不同居住人口规模的居住生活聚居地，或特指城镇交通干道或自然分界线所围合，并与居住人口规模（30000 ～ 50000 人）相对应，配建有一整套较完善的、能满足该区居民物质与文化生活所需的公共服务设施的居住生活聚居地。

居住小区，是城镇居住区的基本结构单元，一般称作小区，指被居住区级道路以及城镇公共绿地、水系、山体等其他专用地界所围合的，与居住人口规模（10000 ～ 15000 人）相对应，并配建有一套能够满足该居住小区居民日常生活的公共服务设施的居住生活用地。一般来说，居住小区用地界线明确，地块完整，且不被城镇交通主干道所穿越。

居住组团，指一般为小区道路所分隔，若干住宅单元紧凑布置在一起，在建筑上形成整体、在生活上形成密切关系的，与居住人口规模（1000 ～ 3000

人）相对应，并配建有居民日常生活所需的公共服务设施的居住生活用地。

居住区规划，是指在城镇总体规划与控制性详细规划的基础上，根据设计任务书对城镇居住用地的结构布局、交通组织、绿地水系、市政管网以及公用设施进行的综合设计工作。

8.2.2 居住区规划与设计

居住区是城镇建设用地的重要组成部分，是由物质与精神要素共同构成的空间环境，是城镇居民居住及日常活动的主要场所。居住区规划贯彻“以人为本”的设计思想，通过科学的规划设计，合理安排各种构成要素，达到土地的优化配置，营造一个舒适、便捷、优美、卫生、安全的居住生活环境。

1. 居住区规划的原则

（1）规划设计符合城镇总体规划以及控制性详细规划的要求，遵循相关用地规范与指标。充分利用地块的原始地形、现状道路、建筑物、构筑物等区位条件。综合协调居住区与城镇的总体功能、气候、自然环境、民俗文化、周边风貌等地方特色。优化协调居住区与城镇绿地开放空间系统的关系。

（2）综合考虑居住区住宅日照、通风、防灾、疏散的关系。创造一个安定、健康、和谐的居住生活环境。

（3）居住区结构的组织与安排要有利于物业管理。合理布置满足居民日常生活的公建配套设施，为老人、儿童以及残疾人等弱势群体的生活和社会活动创造条件。

（4）重视居住区内部生态平衡，营造良好的小气候与丰富的空间层次，使居民更好的亲近自然，实现居住区内部的可持续发展。

2. 居住区规划的成果

（1）专项分析图

1）现状及区位的分析：对地块所处地区的大区位、周边现状（包括毗邻的城市道路、建筑物、构筑物、水系、山体或自然资源等）的分析。

2）规划设计成果的分析：对地块规划组织结构、布局、肌理、道路（包括停车、消防等）系统、绿化系统、空间环境等的分析。

（2）规划设计方案图

1）居住区规划总平面布置：图纸明确规划用地的各项界线、各类住宅建筑的布置与朝向、公共设施建筑的布点、道路布局及走向、开放空间、绿化景观以及静态交通的布置。图 8–1 是某小区规划总平面图。

2）建筑户型方案图：各类住宅户型平面图、立面图以及主要公共建筑平面图、立面图等。

（3）工程规划设计图

包括居住区给水、雨水、污水、燃气、电力电信以及采暖区供热管线等基本市政管线布置。

（4）建筑、景观意向规划及规划模型

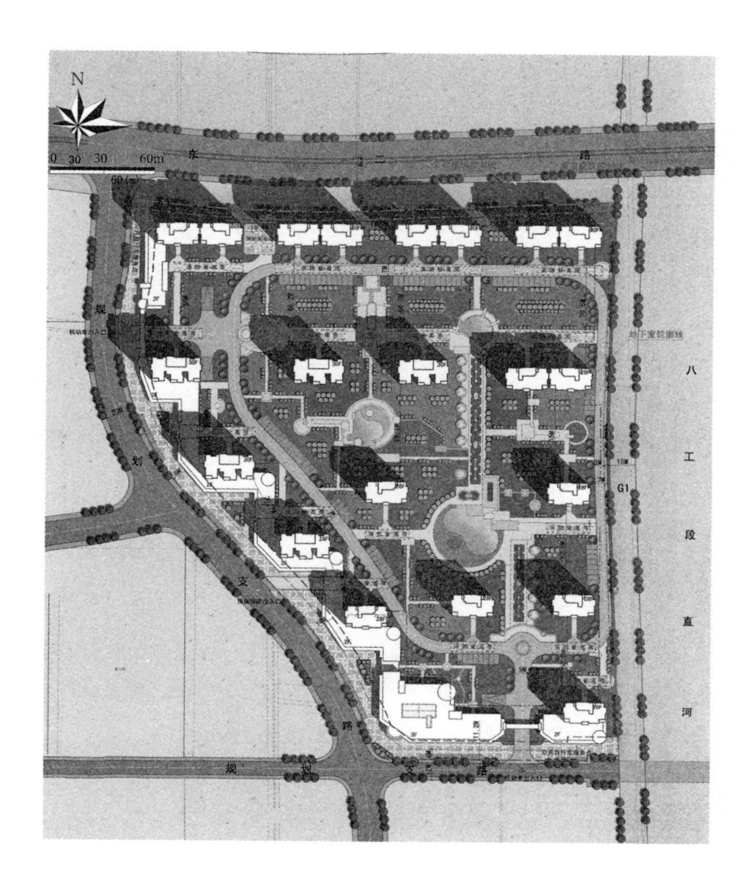

图 8–1　某小区规划总平面图

1）整体鸟瞰图或者轴测图。

2）中心绿地、重要景观节点及开放空间的立面图、透视图。

3）主要城市街景立面图。

（5）规划设计说明及经济技术指标

1）规划设计说明：包括设计依据、设计原则及要求、区位介绍、地块现状、自然地理、人文环境；规划设计的原则、理念、意图、特点等。

2）经济技术指标：包括居住用地平衡表；总用地面积、总建筑面积、容积率、建筑密度、绿地率、停车位个数等综合指标；公建配套设施项目指标；户型配比及配置平衡表等。

3. 居住区规划的设计方法

（1）前期工作

居住区规划设计前期需要对规划地块及地块周边区域做大量的基础性调研工作，对其区位、现状、自然环境及社会环境等基本条件进行全面、细致的了解。前期资料的收集和整理，对后期认识和把握规划、设计、建设工作起着极为重要的作用。

前期基本资料收集包括现状的自然环境（包括土地、水系、植被、自然资源、气候等）、人为要素（包括建筑、交通体系、基本设施体系等）、文化因素（包括地块的人文及历史价值、法律限制、土地价值等）、经济因素（包括国家及地方性的经济发展形势、贷款利率高低等）等。

(2) 规划布局形式

1）片块式布局

住宅建筑在尺度、形体、朝向等方面具有较多相同的因素，并以日照间距为主要依据建立起来的紧密联系所构成的群体，它们不强调主次等级，成片成块，成组成团地布置，形成片块式布局形式。

2）轴线式布局

空间轴线或可见或不可见，可见者常由线性的道路、绿带、水体等构成，但不论轴线的虚实，都具有强烈的聚集性和导向性。一定的空间要素沿轴布置，或对称或均衡，形成具有节奏的空间序列，起着支配全局的作用。

3）向心式布局

将一定空间要素围绕占主导地位的要素组合排列，表现出强烈的向心性，易于形成中心。这种布局形式山地用得较多，顺应自然地形布置的环状路网造就了向心的空间布局。

4）围合式布局

小区的住宅沿场地的外围周边布置，形成数个次要空间，并共同围绕一个主导空间。布局的空间无方向性，主导空间在尺度上居于统率次要空间的地位。围合式布局不一定存在构图中心，各个空间相互独立，也便于管理。这种布局形式通常适用于规模较大或者配套设施开放设置的城市中心居住区块。

5）集约式布局

将住宅和公共配套设施集中紧凑布置，并开发地下空间，依靠科技进步，使地上地下空间垂直贯通，室内室外空间渗透延伸，形成居住生活功能完善、水平－垂直空间流通的集约式整体空间。这种布局形式节地节能，在有限的空间里可以很好地满足现代城市居民的各种要求，对一些旧城改建和用地紧缺的地区尤为适用。

6）隐喻式布局

将某种事物作为原型，经过概括、提炼、抽象成建筑与环境的形态语言，使人产生视觉和心理上的某种联想与领悟，从而增强环境的感染力，构成了“意在象外”的境界升华。

7）组合式布局

各种布局形式，在实际操作中常常以一种形式为主兼容多种形式而形成组合式或自由式布局。

4. 专项系统规划

(1) 道路系统规划

道路系统规划是居住区规划的重要一环，它不仅是居住区内部各要素联系的纽带，更是城市道路的延续，与居民的日常生活息息相关。道路系统也是居住区的骨架，构架出居住区的基本结构。居住区道路布置应通而不畅，避免往返迂回或断头路的出现，部分路段应满足消防车、救护车及垃圾清运货车等大型车辆通过的要求，并且能较好地划分和联系居住区内的各类用地。

1）道路分级

居住区道路按道路功能和道路红线宽度一般分为：居住区及道路、居住小区级道路、居住组团级道路、住宅小路（宅前路）四级。

2）静态交通规划

如今，随着人们生活物质水平的提高，城镇居民人均车辆拥有率也逐年增长。静态交通规划也日益成为居住区规划的重要组成部分。一般来说，静态交通包括露天停车场、地下停车、广场、回车场等。由于对停车位及停车面积需求量较大，为了节约土地以及减少对地面环境的污染，最好安排地下停车，或安排一部分建筑底层作架空层便于居民停车。停车场地既要方便居民使用，也要避免对居民日常起居生活造成干扰。

（2）公共服务设施规划

为了满足居民日常生活的多种需求，居住区内应设置各类相应的公共服务设施（也称配套公建），以居住人口规模为依据进行布点配建，是居住区构成的核心要素，在维护居住区日常管理，组织居民进行各种文化、社交活动，展现居住区精神面貌等方面发挥着重要的作用。公共服务设施应与居住区各类专项规划同步进行，规划时一般采用集中与分散相结合的布置方法。

居住区公共服务设施应包括：教育、医疗卫生、文化体育、商业服务、金融邮电、社区服务、市政公用和行政管理及其他八类设施。配建项目及建筑面积，必须与居住人口规模相对应。

（3）绿地系统规划

居住区绿地系统是城市整体绿地系统的重要组成部分，是改善城市及居住区生态环境的重要环节，也是城市居民休憩、健身和交流的主要室外活动空间，是衡量居住区整体环境质量与品位的重要依据。近年来，随着城市居民生活水平的提高，除了舒适整洁的内部家居环境，人们越来越追求居住区环境的"园林化"，渴望一个自然和谐、富有生机的绿色家园。良好的居住环境逐渐成为人们日常生活的第一要素，成为居民日常生活中不可缺少的一项内容。

1）绿地系统的概念

公共绿地是居住区绿地系统的主体，应该包括一定规模的公园、小游园、组团绿地以及带状绿地等。绿地系统还包括宅旁绿地、公共服务设施专用绿地和道路绿地等非公共绿地，此外还包括居住区内生态、防护绿地。

2）绿地的基本布置形式

居住区绿地是城市绿地系统的一部分，但其功能与城市公园绿地不完全相同。要求设计应有一定的艺术效果。常采用"点、线、面"相结合，三位一体的设计手法。以居住区、居住小区的中心绿地为核心，以居住区内道路绿化带为"线"将分散在居住区各处的宅旁绿地及组团绿地（"点"）串联，形成一个有机的整体。

居住区绿地布置形式多样，布局灵活。一般有三种基本形式：规则式、自然式以及规则与自然相结合的混合式。

①规则式：布置形式较为规则严整，多以轴线组织景物，布局对称均衡，园路多用直线或几何规则线型，各构成因素均采取规则几何形和图案形。如树丛绿篱修剪整齐，水池、花坛均用几何形，花坛内种植也常用几何图案，重点大型花坛布置成毛毯富丽图案，在道路交叉点或构图中心布置雕塑、喷泉、叠水等观赏性较强的点缀小品。这种规则式布局适用于平地。

②自由式：以效仿自然景 观见长，各种构成因素多采用曲折自然式，不求对称规整，但求自然生动。这种自由式布局适于地形变化较大的用地，在山丘、溪流、池沼之上配以树木草坪，种植有疏有密，空间有开有合，道路曲折自然，亭台、廊桥、池湖作间或点缀，多设于人们游兴正浓或余兴小休之处，与人们的心理相感应，自然惬意。自由式布局还可以运用我国传统的造园手法，以取得较好的艺术效果。

③混合式：是规则式与自由式相结合的形式，运用规则式和自由式布局手法，既能和四周环境相协调，又能在整体上产生韵律和节奏，对地形和位置适应灵活。

（4）住宅群体空间规划

住宅建筑的布局决定了居住区空间的形态与尺度，通过不同的组合形式，给人以不同的空间感受。宜人的空间产生积极、愉悦的空间体验；不协调的空间则会产生消极、别扭的空间体验。

1）居住区空间领域的划分

在日常生活中，人们对周围空间会有一种出自本能的归属与认同，即领域感，而这种领域感便形成了人们在空间上的层次感。将居住区空间按领域性质分出层次，形成一种由外向内、由表及里、由动到静、由公共性质向私有性质渐进的空间序列。 因此，居住区生活空间可划分为公共空间、半公共空间、半私密空间和私密空间四个层次。

①公共空间，一般是指归属于城市空间，面向城市居民的居住区或城市外部的开放空间。它包括城市街道、广场、体育场地等。

②半公共空间，一般是指由若干住宅建筑或若干住宅建筑与公共服务设施共同构筑而成，并为这些住宅建筑居民所共有的开放空间。它包括居住区内的街坊、公共绿地、公共服务设施的开放空间等。

③半私密空间，一般是指由住宅建筑围合而成或属于住宅建筑院落的空间。它包括这些围合院落空间中的绿地、道路和停车位等。

④私密空间，一般是指居民住宅的内部空间以及为住宅居民所有的户外平台、阳台和院落空间。

在居住区的设计中，对于不同层次、性质的生活空间，应仔细考量，合理安排建筑的围合程度、空间的开合尺度等。私密性越强，尺度宜小、围合感宜强、通达性宜弱；公共性越强，尺度宜大、围合感宜弱、通达性宜强。同时应该特别注重半私密性的住宅群落的营造，以促进居民之间各种层次的邻里交往和各种形式的户外生活活动。半私密空间宜注重独立性，半公共空间宜注重开放性、通达性、吸引力、功能的多样化和部分空间的功能交叠化使用，以塑造城市生活的氛围。

2）住宅群体的基本组合方式

形成居住区空间领域必须有一个限定的空间，而限定空间最常见的方法就是通过建筑物之间的组合与围合。行列式、周边式和点群式是住宅群体组合的三个基本组合方式。此外，还有兼具上述三种样式特点的混合式以及受地形地貌、用地条件限制而形成的自由式。

①行列式：最为常见的一种布局方式，日照通风条件优越，建筑与管线施工方便，节省用地；但整体造型呆板，识别性较差。错接式是行列式的一种变形，体型前后错落，富有节奏感。相对于普通行列式布局更加活泼、灵活。

②周边式：布局具有很强的向心性，围合感强，防风防寒，便于组织绿化，利于邻里交往；但东西方向比例较大、转角单元空间较常有漩涡风，噪声及干扰较大、对地形的适应性差。

③点群式：点式高层住宅常用的组合方式，有良好的日照和通风条件，对地形有较好的适应性；缺点是建筑外墙面积大，太阳辐射热较大，视线干扰较大，识别性较差。

④混合式：当下一些大型居住区常用的组合方式，兼有行列式、周边式和点群式的组合方式。整体排布不拘一格，常能创造出更加宜人的空间。

⑤自由式：布局形式更加灵活，对复杂地形适应性强。

8.3 城市设计

自城市形成那天起，人们其实就已有意无意地进行着城市设计了。只不过这自古有之的主题在当时并没有引起人们足够的重视，更不曾想过将设计的理论、方法进行系统的归纳和整理。现代“城市设计”（Urban Design）一词最早出现于20世纪50年代。随着西方工业革命的完成，城市人口急剧膨胀，城市居民生活环境质量日益恶化，工业污染、交通拥堵等情况也日趋严重，“城市病”横行，城镇发展的速度之快大大超出传统规划手段的控制。经过一系列的反思与总结，人们逐渐意识到一个科学、系统、全面的规划设计对于一个城镇的发展十分必要。至此，有关近现代城市设计理论的探讨逐步展开。

8.3.1 城市设计概述

1. 城市设计的概念与定义

从城市设计诞生至今，其范畴已不仅仅包括城市规划、园林景观、建筑学的领域，还包括城市社会学、城市经济学、环境心理学、人类学、市政学等在内的人文社会学科的范畴。并且随着研究的深入，当代城市设计更是与美学、色彩心理学、环境艺术等学科有着密切的联系。由此看来，我们可以知道城市设计的内容极为丰富。因此，虽然有关城市设计的概念至今也没有一个公认的定义，但在某些层面上还是能够达成一定的共识。

《中国大百科全书》认为，"城市设计是对城市体型环境所进行设计。一般是指在城市总体规划指导下，为近期开发地段的建设项目而进行的详细规划和具体设计。城市设计的任务是为人们各种活动创造出具有一定空间形式的物质环境，内容包括各种建筑、市政公用设施、园林绿化等方面，必须综合体现社会、经济、城市功能、审美等各方面的要求，因此也称为综合环境设计。"

《城市规划基本术语标准》GB/T 50280—98 中对城市设计的定义是："对城市体型和空间环境所作的整体构思安排，贯穿于城市规划的全过程。"

也有学者认为：城市设计意指人们为某特定的城市建设目标所进行的对城市外部空间和建筑环境的设计和组织。它在城市环境品质提升和场所感的塑造方面起了关键作用。

2. 城市设计与城市规划

在工业革命以前，城市设计与城市规划之间没有明确的分野，并附属于建筑学。18 世纪工业革命后，现代城市规划理论才逐渐发展为一门独立的学科。现行城市规划是对一定时期内城市的经济和社会发展、土地利用、空间布局以及各项建设的综合部署和全面安排，其任务是解决社会、经济和城市建设在城市空间上的协调发展问题。无论从其研究对象、研究目的，还是成果形成，城市规划与城市设计之间都存在着重合之处。

在中国，城市规划作为控制、引导城市建设发展的重要手段对以一种技术方法而存在、依附于城市规划，并对城市空间结构、物质环境进行整体构思与安排的城市设计起着指导作用。而城市设计目前在我国作为非法定规划的一种，对深化城市规划内容以及指导其具体实施起着重要的作用。

我国现行的规划编制体系分为总体规划（宏观层面）和详细规划（中观层面）两大部分，此外还有延伸到建筑层面（微观层面）的工程设计部分。而城市设计的目标是整体协调人与城市物质、空间环境的关系以及为人们营造一个和谐、舒适的生活空间，所以城市设计的内容相对具体、细致，因此主要涉及城市规划中的中观和微观层面。

3. 城市设计的原则

城市设计应当遵循三大原则：

（1）以人为本原则

现代城市设计正是在致力于解决一系列"城市病"的背景下应运而生的。而城市存在的目的也是为了给居民提供生活上和工作上的良好设施。因此有关人文关怀的问题一直是城市设计的主题之一。伊利尔·沙里宁在其著作《城市：它的发展、衰败与未来》的开篇就指出："……在建设城市时，就要把对人的关心，放在首要位置上。应当按照这样的要求，来协调物质上的安排。人是主人：物质上的安排就是为人服务的。"加拿大著名城市规划学者雅各布斯、美国著名城市设计家凯文·林奇以及 20 世纪中期美国著名城市理论家和社会哲学家刘易斯·芒福德（Lewid Mumford）都是从人的主观感受以及社会学的角度出发，探讨有关城市发展与城市设计的问题的。

（2）整体环境设计思想和创造特色原则

城市设计与建筑设计一样，都是对空间结构进行合理地、有意识地安排，但城市设计尺度巨大，因此城市设计必须考虑城市整体环境的协调。就像无数树木的细胞，通过相互协作，才构成了某一个品种的树木；而各个品种的树木，由于相互协调，又形成了和谐统一的森林一样。构成城市的各个要素之间也存在着某种相互协调的关系。"相互协调的原则"是伊利尔·沙里宁城镇建设三大原则之一，并指出"……特别在城市建设中，我们必须懂得，如果没有相互协调的原则，那么城市将深受其害……"。而凯文·林奇则将这种人对城市形体、环境的体验认知称为"环境印象"，一个拥有协调、优美"环境印象"的城市，应该是一个惹人注意的、有特色的城市。

（3）可持续发展原则

"可持续发展"的概念在20世纪80年代被首次提出，它是人类对于因工业文明进程所造成的全球性环境、社会和经济问题反思的结果。它的精要是"既能满足当代人的需求，又不对后代人满足其需求的能力构成危害"。因此，可持续发展也成为21世纪城市规划和设计的重要原则。

8.3.2 城市设计的空间层次

城市设计贯穿于城市规划的各个层面，而不同层面的城市规划因其设计对象的区域范围和空间尺度不同，所要求关注的重点、设计内容、设计方法以及最后的设计成果也不同。因此城市设计也相对应地划分为不同的空间层次。

（1）总体城市设计

《城市规划资料集》中对城市总体设计的解释是："在对城市自然、现状特点，以及城市历史文化传统深入挖掘提炼的基础上，根据城市性质、规模，对城市形态和总体空间布局所做的整体构思和安排……是把握城市整体结构形态、开放空间、城市轮廓、视线走廊等系统要素，对城市各类空间环境如居住、商贸、工业、滨水地区、闲暇游憩等进行塑造，并形成特色；对全城建筑风格、色彩、高度、夜间照明以及环境小品等城市物质空间环境要素提出整体控制要求。"属于城市设计宏观层面的总体城市设计与城市总体规划相对应，由于其涉及的区域范围尺度巨大，因此实施过程较长，也需要较长的时间跨度来使人们感受。此外由于总体城市设计对详细城市设计以及环境城市设计具有指导意义，且更具战略性，因此对城市整体空间结构以及综合环境的形成具有决定性的影响。

（2）详细城市设计

详细城市设计作为中观层面的城市设计，在深化总体城市设计内容以及指导微观层面的城市设计中有着承上启下的作用，是对城市局部范围进行的城市设计，包括城市中心区、风景名胜区、历史文化保护区、滨水区和居住区等。

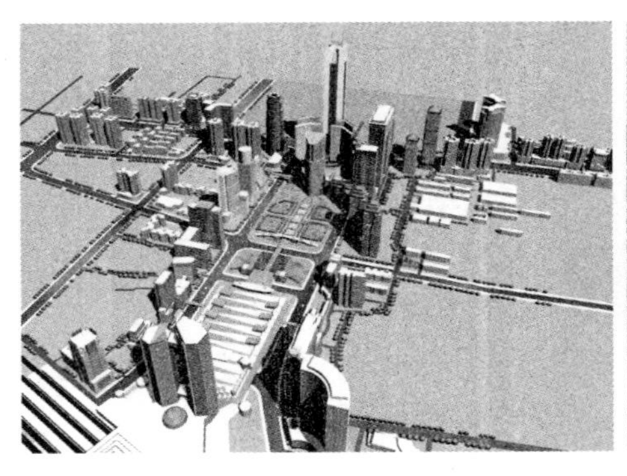
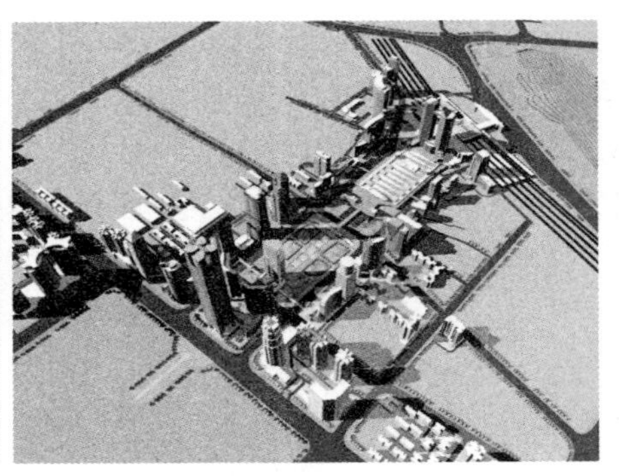

图 8–2　某城市广场的城市设计

详细城市设计与城市总体或者详细性规划相辅相成，其设计内容包括对城市片区的用地布局、路网布置、交通关系组织、绿化景观布置、空间结构、建筑设计以及视线通廊设计等（图 8–2）。

（3）城市环境设计

相对于总体城市设计与详细城市设计，城市环境设计的对象尺度最小，设计内容也更具体，属于城市设计中的微观层面。因此，城市环境设计也被称为节点城市设计。城市节点一般是指城市空间结构中功能、交通、视线以及其他空间要素的汇集点和场所。如城市街道、广场、绿化景观、商业区或建筑群落的中心等。城市环境设计的对象往往是人们日常生活中集中活动与逗留的场所，与人们的联系最为密切，因此细部设计就显得尤为重要。设计内容包括建筑物予人的尺度感、街道及建筑的材质、颜色和纹理、景观节点、标志和广告等。整体设计主要考虑人在场所当中的适宜性，创造一个和谐、优美的人居环境。

8.4　城市历史文化保护规划

随着"全球化时代"的到来，由西方国家主导的"城市一体化"在世界范围内迅速扩散。各国在大刀阔斧地进行着本国经济扩张的同时，也越来越重视本土历史文化在世界范围内的影响。城市，是人类社会经济文化发展的结晶，是人类社会历史、人文艺术积淀的场所，更承载着一个地域全部的历史传统与精神文明，是全人类的宝贵财富。于是，人们开始重新认识自己生活的城市，不断去发现城市的历史文化特征与自然地域特征，去追寻属于城市的记忆。逐渐开始懂得在城市建设的过程中，也需要传承和弘扬城市文化遗产。因此，有关"历史文化保护"的课题就被提到了重要的位置。

8.4.1　城市历史文化保护规划概述

1933 年发表的《雅典宪章》指出："真能代表一时期的建筑物，可引起普遍兴趣，可以教育子民。" 1977 年发表的《马丘比丘宪章》则指出："城市的个性与特征取决于城市的体形结构和社会特征。因此，不仅要保存和维护好城市的历史遗迹和古迹，而且还要继承一般的文化传统。一切有价值的、说明社会和民族特性的文物必须保护起来。”而《华盛顿宪章》更是将历史文化保护的范围扩大至所有城市：“所有城市社区，不论是长期逐渐发展起来，还是有意创建的，都是历史上各种各样的社会的表现……不论大小，其中包括城市、城镇以及历史中心或居住区，也包括其自然的和人造的环境。除了它们的历史文献作用之外，这些地区体现着传统的城市文化价值……这些文化财产无论其等级多低，均构成人类的记忆。”

城市历史文化的保护状况是一个城市文明的重要标志。历史文化保护规划也不仅仅是对城市历史文物古迹以及自然风景名胜的保护，更是对城市历史传统、风俗民情以及精神文化的传承。伴随着人类文明发展而创造的物质与精神财富穿越历史时空，承载着一个地域不同时代的文化特征和时代信息。其作为人类一笔不可再生的宝贵资源，构成了民族发展的脉络，同时也是城市更新发展的重要基础。

有关城市历史文化保护的原则与目标业界目前还没一个明确的阐述，但在上述国际性城市规划的纲领性文件已有涉及。1933 年，《雅典宪章》首次明确提出了在城市发展中应妥善保存好历史遗迹以及历史建筑，不可加以破坏的观点；并指出在可能的条件下，交通干道应避免穿越古建筑区。这些思想对现代城市规划有着深远的意义。1964 年的《威尼斯宪章》则对历史文化遗迹的保护做了更加全面的阐述。并指出：“保护和修复文物建筑，既要当作历史见证物，也要当作艺术作品来保护。”在保护、修缮的同时，必须保持保护对象的整体和谐，不失去其原有的艺术性、历史性和真实性；保护的范围不仅仅在于一物一楼，还应该包括历史传统以及环境，“保护一座文物建筑，意味着要适当地保护一个环境。任何地方，凡传统的环境还存在，就必须保护”。通过保护，给原本传统的事物注入新的活力，使其重新获得生机。而 1987 年的《华盛顿宪章》作为对《威尼斯宪章》的补充和完善，历史性地将历史文化保护的范围扩展至各级城镇和地区规划，终成为世界历史文化保护的共同准则，同时也标志着城市的历史文化保护已与城市规划紧密结合。《华盛顿宪章》指出：“所要保存的特性包括历史城镇和城区的特征以及表明这种特征的一切物质的和精神的组成部分。”

城市历史文化保护的目的是对城市在历史长河中积淀的物质的、精神的或者具有文化意义的要素进行保存。通过对历史文化的保护，延续人类文明发展的脉络。

8.4.2 中国历史文化遗产保护体系

我国目前已形成由文物保护单位、历史文化街区（历史文化保护区）、历史文化名城（镇、村）等三个保护层次和由国家级、省级、市县级等三个保护级别组成的历史文化遗产的保护体系。

1．文物保护单位

文物保护单位是我国对确定纳入保护对象的不可移动文物的统称。《中华人民共和国文物保护法》（以下简称《文物保护法》）第三条指出："古文化遗址、古墓葬、古建筑、石刻、壁画、近代现代重要史迹和代表性建筑等不可移动文物，根据它们的历史、艺术、科学价值，可以分别确定为全国重点文物保护单位，省级文物保护单位，市、县级文物保护单位。"

《文物保护法》对文物保护单位的保护工作提出了相关的保护原则："文物保护单位的保护范围内不得进行其他建设工程或者爆破、钻探、挖掘等作业。"若确实有特殊情况需要在文物保护单位的保护范围内进行其他建设工程或者爆破、钻探、挖掘等作业的，必须得到相关行政主管部门及人民政府的批准。"在文物保护单位的建设控制地带进行建设工程，不得破坏文物保护单位的历史风貌；工程设计方案应当根据文物保护单位的级别，经相应的文物行政部门同意后，报城乡建设规划部门批准"，"在文物保护单位的保护范围和建设控制地带内，不得建污染文物保护单位及其环境的设施，不得进行可能影响文物保护单位安全及其环境的活动。对已有的污染文物保护单位及其环境的设施，应当限期治理"，"建设工程选址，应当尽可能避开不可移动文物；因特殊情况不能避开的，对文物保护单位应当尽可能实施原址保护"。

2．历史文化街区（历史文化保护区）

在2002年通过的《文物保护法》正式采用了"历史文化街区"这一法定名词，从而取代了原来"历史文化保护区"的概念，它对历史文化街区的定义是："保存文物特别丰富并且具有重大历史价值或者革命纪念意义的城镇、街道、村庄，由省、自治区、直辖市人民政府核定公布为历史文化街区、村镇。"调整前后的两者内涵基本相同。

历史文化街区能够比较完整、真实地反映一定历史时期的传统风貌或民族、地方特色，涵盖一般通称的古城区和旧城区。其最大的特点是保护区内往往拥有一定数量的原住居民，所以尽可能地维持其原本的使用功能，并在此基础上通过有效的规划管理，保存和延续区域内的社区文化和人文精神，促进繁荣；同时，在保持历史文化街区整体风貌的前提下，可适当对保护区内的建筑物、构筑物等文物进行必要的改动、维修和复原工作；保护应采取逐步整治的方法，切忌大拆大建。另外，需积极改善区内的基础设施，提高居民的生活质量。历史文化街区保护是历史文化名城保护工作的重要环节。图8-3所示为某历史文化街区保护规划的空间形态分析。

3．历史文化名城、名镇、名村

根据《历史文化名城名镇名村保护条例》的规定，对那些保存文物特别丰富；历史建筑集中成片；保留着传统格局和历史风貌；历史上曾经作为政治、经济、文化、交通中心或者军事要地，或者发生过重要历史事件，或者其传统产业、历史上建设的重大工程对本地区的发展产生过重要影响，或者能够集中反映本地区建筑的文化特色、民族特色的地方，由地方政府上报。其中，申报

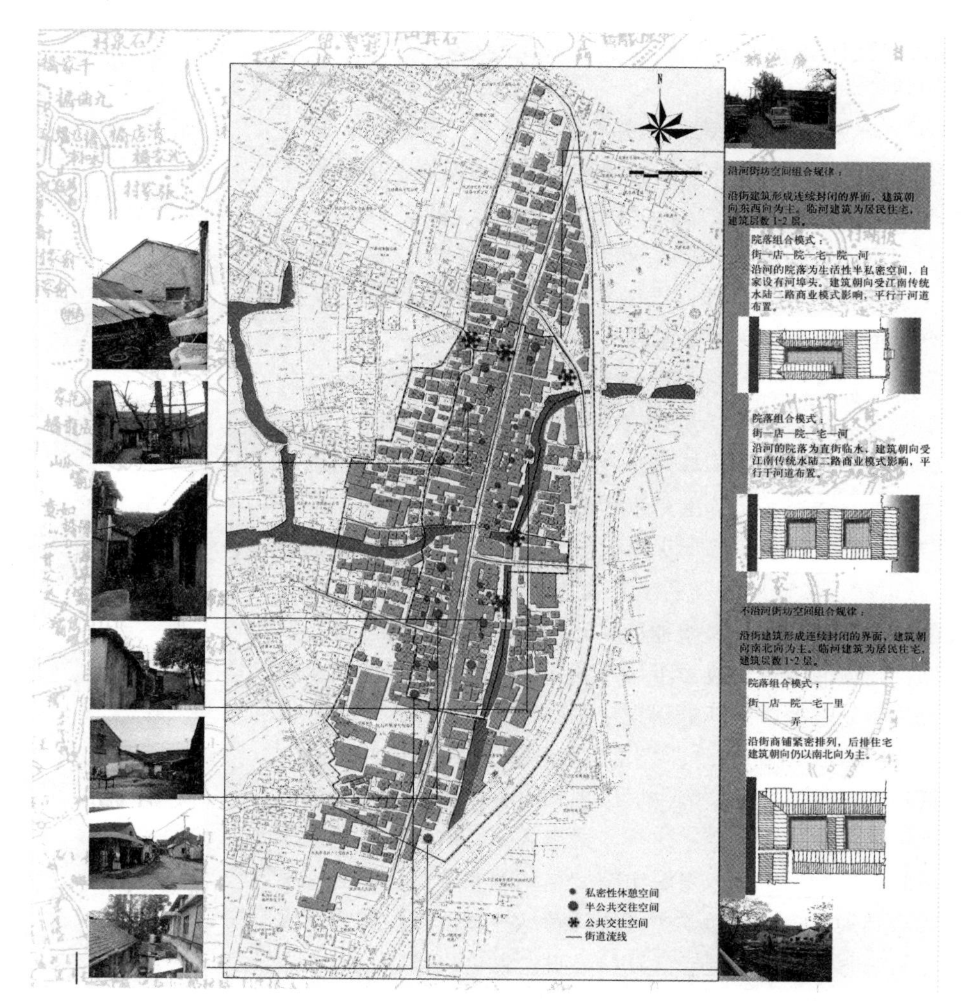

图8–3　某历史文化街区保护规划的空间形态分析

历史文化名城，由省、自治区、直辖市人民政府提出申请，经国务院建设主管部门会同国务院文物主管部门组织有关部门、专家进行论证，提出审查意见，报国务院批准公布。申报历史文化名镇、名村，由所在地县级人民政府提出申请，经省、自治区、直辖市人民政府确定的保护主管部门会同同级文物主管部门组织有关部门、专家进行论证，提出审查意见，报省、自治区、直辖市人民政府批准公布。

历史文化名城批准公布后，历史文化名城人民政府应当组织编制历史文化名城保护规划。历史文化名镇、名村批准公布后，所在地县级人民政府应当组织编制历史文化名镇、名村保护规划。

保护规划应当包括下列内容：①保护原则、保护内容和保护范围；②保护措施、开发强度和建设控制要求；③传统格局和历史风貌保护要求；④历史文化街区、名镇、名村的核心保护范围和建设控制地带；⑤保护规划分期实施方案。

8.4.3 城市更新与历史文化保护

1. 城市更新概述

自然界的生物体通过新陈代谢的过程来维持自身机能的正常运转，通过新陈代谢可以不断以新物质替换旧物质，从而保持活力。城市发展的历程本身就是一个不断更新、改造的新陈代谢的过程。“更新”一词有“革新”、“再生”之意。而“城市更新”则可以理解为城市的“复兴”与“再开发”，是“对城市中已经不适应现代生活需求的地区所作必要的、有计划的改建活动”，是城市发展过程中一种不可避免的现象。它主要包括两方面的内容：一方面是客观存在实体（建筑物等硬件）的改造；另一方面为各种生态环境、空间环境、文化环境、视觉环境、游憩环境等改造与延续，包括邻里的社会网络结构、心理定势、情感依恋等软环境的延续与更新。其理论的发展经过了一段曲折而漫长的过程，并几度陷入误区，给城市居民的生产生活带来了许多负面影响。

20世纪初，在城市更新概念的初创阶段，有关“城市更新”的实践都是基于对工业革命以来，城市建设的反思以及在此基础上的一系列城市改良计划。因为缺乏科学、有效的规划指导思想和其他种种原因，在实际的城市建设过程中暴露出了大量的问题，结果城市更新效果不尽人意。第二次世界大战后，西方各国在经历了经济大萧条以及战争破坏的双重打击后，众多大城市居住环境恶化，公共设施失修，住宅匮乏，经济衰退。为了应对这种整体性的城市问题，这些国家兴起了大规模的以“形体规划”为主导思想和以“推倒重建”为主要手段的城市更新运动。而最终的实践证明，这样“野蛮式”、“激进式”的城市更新方式，破坏了城市原有的社会肌理以及城市空间结构的完整性，最终也未取得理想的效果。轰轰烈烈的城市更新运动一方面没有从根本上摆脱城市发展过程中所面临的困境，另一方面伴随着更新运动的推进又滋生出了新的城市问题。这种非理性的城市更新方式引起了各界学者以及城市规划者们深刻的反思。城市的发展是动态、连续的，而城市更新从本质上来说也是一个长期循环的过程。因此，以传统的“形体规划”或者大规模整体规划这样试图通过一蹴而就、一劳永逸的方式去解决问题，势必难以取得很好的成效。城市更新要解决的问题并不仅仅是物质的老化与“衰败”，更重要的是地区社会经济现象的“衰退”。

2. 城市更新的原则

20世纪中叶以后，城市更新理论在经历了一系列的挫折与失败后，开始由以“形体规划”思想为主导的、激进式的非理性阶段逐渐过渡到以“人本主义”、“可持续发展”等思想为主导的理性阶段。而这些思想的出现极大地丰富和完善了城市更新理论的内容。早期城市更新旨在通过大规模推倒重建、清理贫民窟以及整修城镇建筑物，来达到强化利用城市中心土地，解决城市居民住宅问题的目的，却忽略了“人”在城市更新中的地位以及对城市“历史价值”的保护。

(1) 人本主义

“人本主义”思想强调城市发展中主要考虑人的物质和精神需求，强调“利人原则”在城市更新中的核心地位。在微观层面上，“人本主义”思想要求“宜人的空间尺度是城市设计的主要内涵”和“对人生理、心理的尊重”；在中观层面上，强调“具有强烈归属感的社区设计”、“创造融洽的邻里环境”；在宏观层面上，则有“合理的交通组织”、“适度的城市规模”和“有机的城市更新”。19世纪末，英国社会活动家、城市学家E·霍华德提出了著名的“田园城市”理论，并首次提出了“关心人民利益”的规划指导思想，成为早期城市规划理论“人本主义”思想的先驱。著名城市理论家、社会哲学家L·芒福德指出：“城市最好的经济模式是关心人和陶冶人”。加拿大著名城市规划学者雅各布斯是“人本主义”思想典型的代表人物，她认为“多样性是城市的天性”，而城市生活应该丰富多彩，一个拥有多样性结构及功用的地方，才能充满活力，受到人们的欢迎。此外，还需建立健全社会公众参与机制。“城市更新”所带来的影响直接关系到更新地区居民的日常生活，因此应加强城市居民参与与监督的力度，让城市居民在“城市更新”的过程中更有发言权。

（2）可持续发展

城市更新一方面应“以人为本”，注意人的基本需求，规划设计应符合人的尺度；另一方面，还当注重城市的“可持续发展”。城市更新并不意味着对城市中已经或正在“老化”的地区一味地大拆大建，那样的城市更新只能是剜肉医疮、饮鸩止渴。因此，城市更新必须利用“可持续发展”的思想，对城市中有价值的“历史资源”给予妥善的保护及再利用并使之重新恢复活力。在可持续发展理论的演进过程中，可持续发展对“资源”的认识已不再局限于自然资源，而是包含文化资产、景观资源、人类资本等更为完整的内容。因此，老建筑与传统文化作为城市可持续发展的重要资源，是构成城市多样化的条件。雅各布斯指出“老建筑对于城市是如此不可或缺，如果没有它们，街道和地区的发展就会失去活力”。芒福德在他的《城市文化》一书中生动描述了过去的城市怎样“利用不同时代建筑的多样性来避免因现代建筑的单一性而产生的专断感，而不断重复过去某一精彩的片段则可能形成某一种乏味的将来”。多样化的城市不仅能给城市居民带来良好、丰富的城市生活体验，更重要的是它最能体现出一个城市的特色。

3. 城市更新的方式

目前，有关城市更新的方式有三种模式：

（1）重建

重建是指对城市中一定区域范围内质量低劣或已不适应城市发展的建筑、建筑群予以拆除并重新进行规划设计，是最为激进、彻底的一种城市更新方式。重建是在破坏地块内建筑及建筑群原有结构的基础上，通过“再开发”形成新的规划结构布局，也是三种模式中最富创意性的，但在实际建设过程中周期长、耗费大、阻力多，且缺乏“人本主义”思想。

（2）整建

整建即对城市中一定区域范围内现状建筑及建筑群的整体结构、形态基本保持不变，仅对局部进行必要的拆除、整修，是三种城市更新模式中最能体现其精髓的一种。对因城市发展而逐渐衰落，却仍具有发展潜力的地区，根据前期的调查和分析，剔除不适应地块发展、影响整体规划结构的方面，保留及修复有价值的部分。整建在延续地区历史文脉的同时也带来了新的活力，新旧元素的混合一方面能在一定程度上阻止地区的继续衰落，逐步恢复生机；另一方面能让城市获得多样性。

(3) 维护

维护即对城市中具有历史价值或仍适合继续使用的建筑、建筑群整体予以保留，只通过局部的修缮工作使其继续保持或改善现有的使用状态，是最为缓和、灵活的城市更新方式；如果维护得当，能大大减少城市重建、改建，因此也是一项预防城市衰落的措施。维护是相对耗资最低、变动最小的城市更新模式。

4. 城市更新与历史文化保护的关系

随着人类社会及城市建设的不断发展，不同时代、不同风格以及不同功能的建筑及历史文化街区在城市中遗留下来，并且逐渐出现与现代城市结构、居民的生活方式及生活需求不同程度上的不适应。而为了应对这种不协调，城市必将经历一个自我更新的过程。

(1) 冲突

历史建筑与历史文化街区保存着一个城市最完整的记忆，承载着一个地区人们浓郁的家乡情结。但随着我国城市化的迅速发展，城市人口急剧增长，现代都市文明对传统的城市生活造成了极大的冲击。老城区内部及周边的交通不堪重负，传统的城市街区逐渐失去了以往的活力与生机；历史建筑年久失修，存在着较大的安全隐患；旧社区人口密度高，生活环境恶化，公共配套设施严重不足。随着新与旧两者之间冲突日益突显，"城市更新"的呼声也日益高涨。而由此开始的大规模"旧城改造"运动是一种高投入高回报的城市更新方式，在经济利益的驱使下，往往只是采取简单的"拆除－重建"模式来解决机能已经逐渐衰退的地区的问题。但是，在时代感与科技感的背后，却是传统城市肌理与城市历史多样性的破坏。"城市更新"又陷入了更深层次的问题之中：如何兼顾经济效益与城市品质，如何统筹保护与发展，又如何通过"城市更新"协调好传统与现代的关系。通过一段时间的实践与探索，人们对"城市更新"的认识逐步深入，以往城市更新理论中不合理的部分被摒弃。城市更新与历史文化保护的关系趋于调和。

(2) 调和

传统的城市历史文化保护是一种近似"博物馆式"的保护方法，将一切历史古迹变成凝固的，只供城市居民参观的"艺术品"；而城市更新下的历史文化保护规划则是赋予历史古迹新的生命，使之成为现代城市生活的一部分。欧洲有很多城市一方面通过规划立法较完整地保留不同时期、不同风格的城市风貌和城市特征，另一方面则通过城市更新改善历史地段、历史街区的整体环境，对历史建筑采取充分利用与保护并行的保护理念。法国巴黎在城市发展的过程中基本上完整地保留了拉丁城市风貌，在保护历史遗产的同时，并不排斥对新建筑、新文化、新思想的追求。这使巴黎不仅成为世界大都市最完整、最成功的历史文化古都保护的典范，同时也是现代建筑实践最充分、表现形式最丰富的城市，尤其是现代建筑艺术在巴黎有充分的体现，拥有大量的建筑艺术的创新，而这些现代建筑又非常融洽地布局在受保护的历史街区中。巴黎的城市更新与历史文化保护方法值得我们借鉴与学习。

8.5 区域规划

8.5.1 区域及相关概念

1. 区域

(1) 区域的概念

"区域"一词有着非常广泛的概念，与人类的生产、生活有着密切的关系。由于研究对象的差异，不同学科对区域的概念有着不同的界定。但从规划学或地理学的角度来看，区域是地球表面的一部分，它首先是一个空间概念，占据着地球表面上一定的空间，且具有一定范围和界限、客观存在的地域结构形式。目前对区域比较全面和本质化的界定是由美国地理学家惠特尔西（D.Whittlesey）提出的。20世纪50年代由惠特尔西主持的国际区域地理学委员会研究小组在探讨了区域研究的历史及哲学基础后，提出"区域是选取并研究地球上存在的复杂现象的地区分类的一种方法"，认为"地球表面的任何部分，如果它在某种指标的地区分类中是均质的话，即为一个区域"，并认为"这种分类指标，是选取出来阐明一系列在地区上紧密结合的多种因素的特殊组合的。"

区域作为一个整体，是一个具有层次性、自组织性以及稳定性的地域系统。须处理好区域内部的组织结构，维护好自身的整体性。区域内局部结构单位的变化会导致整个区域的变化；同时，区域作为一个个体，一方面须处理好与外部空间或其他区域的联系，另一方面也不应失去其在所属整体中的"个性"，因此区域的概念是整体性与个性的统一。

区域的规模差异很大：相对全球而言，区域可能是一个国家中享有一定政府权力并且有一定行政权的地区，或者一个国家，甚至可能涉及几个国家；相对国家而言，区域是指地方、省或者州、跨省或者跨州；在地方层次上，区域通常是指比城市更大的范围，往往包括城市及其他周边乡村地区。

(2) 区域的类型

区域按照不同的划分标准被划分成不同的类型，一般分为自然区域和社会经济区域两大类。自然区通常指综合自然区，包括地貌区、气候区、水文区、土壤区、植被区、动物区等；社会经济区包括行政区、经济区、宗教区、语言区、文化区等。

(3) 区域的基本特征

可度量性：区域作为地球表面的一部分，应有一定的面积及明确的范围或界线，换言之就是我们能够在地图上将其标示出来。

系统性：区域的系统性一方面体现在区域的类型以及区域的层次上。如按类型划分，区域可分为行政区、经济区和自然区等；如按层次划分，可分为一级区、二级区、三级区等。另一方面体现在区域内部要素上，任何区域内部都有着复杂的结构关系，各个要素之间按照一定秩序、一定方式和一定比例组合成有机的整体，但不是各要素的简单相加。

不重复性：按同一原则、同一指标划分的区域体系，同一层次的区域不应该重复，也不应该遗漏。

2. 区域规划

城市和区域规划通常亦称城乡规划。区域规划是对一定地域范围内各项建设进行综合布局的规划。区域规划是以规划为主体的，为解决特定区域的特定问题或达到区域内特定目标而制定和实施的某些战略、思路、布局方案和政策措施。

对于区域规划的概念和含义一般有两种不同的解释。一种解释是，自 20 世纪初叶开始，一些颇有远见的思想家就已经认识到"有效的城市规划必须从比城市更大的范围着手，即从城市及其周围农村腹地着手甚至从若干城市构成的城镇集聚区及其相互重叠的腹地来着手"，而这也就是通常意义上的"区域规划"。历史上，E·霍华德在 1898 年提出的"田园城市"（"城市－农村"）概念，标志着区域规划思想的萌芽。"田园城市"的思想既体现了城市"近便"与农村"环境"的优势条件，又避免了两者的不利条件。1933 年发表的《雅典宪章》更是指出"城市应该根据它所在的区域的整个经济条件来研究，所以必须以一个经济单位的区域计划，来代替现在的单独的孤立的城市计划。作为研究这些区域计划的基础，我们必须依照由城市之经济势力范围所划成的区域范围来决定城市计划的范围"，英国的《大伦敦规划》、法国的《PROET 规划》都突出体现了这一点。而另一种解释是，在 20 世纪 30 年代，西方各国受到资本主义经济大萧条的影响，许多大城市以及城市中原本繁荣的地区开始衰退。因此为了重新振兴经济，恢复这些地区的发展，一种针对某些区域的区域规划开始引起人们的注意。

8.5.2　区域规划在现行规划体系中的地位

1. 区域规划与城市规划的关系

城市总是与一定的区域相联系，城市的发展必然会促进区域的发展，而区域的发展也会影响城市的发展。一般来说，城市规划与区域规划两者都是在明确长远发展方向和目标的基础上，对特定地域的各类建设进行综合部署。城市规划与区域规划也存在着某种相互交叉与涵盖的关系。如大城市及其郊区或"市带县"地区。广义的城市规划，简称城市地区规划，这种规划本身就具有区域规划的性质。此外，当代区域规划是城市规划的重要依据，在区域规划的基础上，一方面立足于大区域合理规划布局城镇体系，另一方面，合理确定城市规模、性质、城市各部分的组成、各地区的用地，以促进城市与区域的协调及可持续发展。而城市规划也充实和完善了区域规划，使区域规划建立在扎实的基础之上。

2. 区域规划与专业规划的关系

专业规划就是部门或行业规划。区域规划是特定地域的综合性规划，它以本地域的专业规划为基础。它们之间的关系是综合与专业的关系，是地区与部门、横的系统与纵的系统直接的关系。因此，在进行专业发展规划时要有整体观念、服从全局的思想。

8.5.3 区域规划的类型

1. 按建设地区的经济地理特征来划分的区域规划

（1）城市地区的区域规划

（2）工矿地区的区域规划

（3）农业地区的区域规划

（4）风景旅游及休疗养地区的区域规划

（5）河流综合开发利用的区域规划

2. 按各级行政管理的区域来划分的区域规划

区域的类型按照我国各级行政管理区域来划分，一般可分为省域、市域、县域三个层次。

（1）省域规划

（2）市域规划

（3）县域规划

本章小结

非法定规划是指《城乡规划法》和《城市规划编制办法》规定必须编制的规划之外的规划，是对法定规划的补充和优化。

本章主要介绍了非法定规划中的居住区规划、城市设计、城市历史文化保护规划、区域规划。

拓展学习推荐书目

李峰 . 非法定规划的创新和实践 [M]. 上海：同济大学出版社，2016.

思考题

1. 非法定规划分为几类？如何理解法定规划和非法定规划之间的关系？
2. 城市设计包括哪几个不同的空间层次？
3. 如何理解城市更新？